普通高等教育“十一五”国家级规划教材配套教辅

普通高等教育“十三五”规划教材

机械工程材料习题集

主编　尚　峰　唐学飞　乔　斌

参编　李化强　贺毅强　刘　洁

主审　崔占全　杨　静

机械工业出版社

本习题集分为绪论、材料的性能及应用意义、材料的结构、材料的凝固与结晶组织、材料的变形断裂与强化机制、铁碳合金相图及应用、钢的热处理、钢铁材料、有色金属材料、高分子材料、陶瓷材料、复合材料、功能材料、材料表面技术、工程材料的选用与发展共15章。每章习题均配有答案，需要的任课教师可以在教育服务网（www.cmpedu.com）以教师身份注册后下载。

本习题集为《机械工程材料》的配套辅导教材，也可作为相关专业工程技术人员的参考用书。本习题集得到了“江苏高校品牌专业建设工程项目”和“江苏省中高等职业教育衔接课程体系建设立项课题”资助。

图书在版编目（CIP）数据

机械工程材料习题集/尚峰，唐学飞，乔斌主编．—北京：机械工业出版社，2015.12（2026.1重印）
普通高等教育“十一五”国家级规划教材配套教辅
ISBN 978-7-111-52404-5

Ⅰ.①机… Ⅱ.①尚… ②唐… ③乔… Ⅲ.①机械制造材料—高等学校—习题集 Ⅳ.①TH14-44

中国版本图书馆CIP数据核字（2015）第300767号

机械工业出版社（北京市百万庄大街22号　邮政编码100037）
策划编辑：余　皞　责任编辑：余　皞　丁昕祯
版式设计：霍永明　责任校对：黄兴伟
封面设计：张　静　责任印制：邓　博
涿州市般润文化传播有限公司印刷
2026年1月第1版第7次印刷
184mm×260mm·5.75印张·140千字
标准书号：ISBN 978-7-111-52404-5
定价：19.80元

电话服务　　网络服务
客服电话：010-88361066　机　工　官　网：www.cmpbook.com
010-88379833　机　工　官　博：weibo.com/cmp1952
010-68326294　金　书　网：www.golden-book.com
封底无防伪标均为盗版　机工教育服务网：www.cmpedu.com

前　　言

“机械工程材料”课程是机械工程类各专业以及近机类相关专业的专业基础课程。该课程理论性强、原理规律多、概念定义多，内容抽象，学生掌握较困难。为了便于学生课后复习，巩固学习效果，更好地把握课程重点和难点，我们课程组根据多年教学积累，组织编写了本书。本习题集可作为《机械工程材料》的配套辅导教材，也可作为相关专业工程技术人员的参考用书。

本习题集分为绪论、材料的性能及应用意义、材料的结构、材料的凝固与结晶组织、材料的变形断裂与强化机制、铁碳合金相图及应用、钢的热处理、钢铁材料、有色金属材料、高分子材料、陶瓷材料、复合材料、功能材料、材料表面技术、工程材料的选用与发展共15章，与王章忠老师编写的《机械工程材料》一书一致，也符合大多数教材的内容体系。每章的习题设置有选择题、判断题、问答题三种题型，可以使学生在掌握基本内容的同时，培养其分析和解决问题的能力。本习题集配有参考答案，需要的任课教师可以在教育服务网（www.cmpedu.com）以教师身份注册后下载。本习题集由淮海工学院尚峰、唐学飞、乔斌主编，李化强、贺毅强、刘洁也参加了编写工作，全书由燕山大学崔占全教授、东北大学秦皇岛分校杨静博士主审。

本习题集在编写过程中参考和引用了部分优秀的教材、参考书及文献资料的有关内容，并得到了相关院校专家的大力支持与指导，在此一并表示感谢。由于编者水平有限，书中可能会有不妥和错误之处，敬请读者批评指正。

编　者

目　　录

绪 论

判断题

1. 结构材料是以力学性能为主，兼有一定的物理、化学性能；功能材料是以特殊材料的物理、化学性能为主。 ( )

2. 08F、Q235、20 钢、45 钢、T8 钢、T12 钢是结构材料。 ( )

3. 20Cr、20CrMnTi、40Cr、40CrNiMoA、38CrMoAlA、60Si2Mn 钢是结构材料。 ( )

4. GCr15 钢是功能材料。 ( )

5. 工具钢不是结构材料，是功能材料。 ( )

6. 9SiCr、CrWMn、W18Cr4V 钢是结构材料。 ( )

7. Cr12、Cr12MoV、Cr4W2MoV、3Cr2W8V 钢是结构材料。 ( )

8. HT200、QT600-3、KTH300-6 是结构材料。 ( )

9. 12Cr18Ni9 不锈钢是功能材料。 ( )

10. 耐热钢是功能材料。 ( )

11. 1A85 是结构材料。 ( )

12. 电火花线切割加工用铜丝是功能材料。 ( )

13. ZSnSb11Cu6 轴承合金是功能材料。 ( )

14. YG6、YT15、YW2、GT35 是结构材料。 ( )

15. 玻璃钢是结构材料。 ( )

16. 形状记忆合金（SMA）是功能材料。 ( )

17. 超导材料是功能材料。 ( )

18. PTC 陶瓷是结构材料。 ( )

19. 定膨胀合金是结构材料。 ( )

20. 水晶是结构材料。 ( )

第一章　材料的性能及应用意义

一、选择题

1. 对于钢铁而言，以下性能中结构不敏感性能是________，结构敏感性能是________。

A. 强度　　B. 硬度　　C. 刚度　　D. 熔点

2. 金属抵抗永久变形和断裂的能力，称为________。

A. 硬度　　B. 塑性　　C. 强度

3. 拉伸试验时，试样拉断前能承受的最大拉应力称为材料的________。

A. 屈服点　　B. 抗拉强度　　C. 弹性极限

4. 比强度是材料的________之比。

A. 强度与体积　　B. 强度与密度　　C. 强度与质量

5. 一碳钢制支架刚性不足，________可以有效解决。

A. 进行热处理改性强化　　B. 改变该支架的截面与结构尺寸

C. 进行表面镀铬

6. 材料的刚度与________有关。

A. 弹性模量　　B. 屈服强度　　C. 拉伸强度　　D. 伸长率

7. 金属的________越好，则其锻造性能越好。

A. 强度　　B. 塑性　　C. 硬度

8. 按最新标准，下列硬度的表述中正确的是________。

A. 45HRC　　B. HRC45　　C. 45HR

9. 按最新标准，下列硬度的表述中正确的是________。

A. 280HBS　　B. 280HBW　　C. 280HB

10. 洛氏硬度 C 标尺使用的压头是________。

A. 金刚石圆锥体　　B. 淬火钢球　　C. 硬质合金球

11. 用于材料微区硬度的测试，最佳的测试方法是________。

A. 布氏硬度 HB　　B. 洛氏硬度 HRC　　C. 显微硬度 HV

12. 下列各种工件该采用何种硬度试验方法来测定其硬度？

锉刀________，钢车刀________，硬质合金刀具________，涂层刀具________，供应状态的各种碳钢钢材________，渗碳钢工件________，淬火钢成品件________，黄铜轴套________，铜基轴承________。

A. HRC　　B. HBW　　C. HV　　D. HRA

13. 弹簧在交变应力下工作，除应有高的强度和弹性外，还应有高的________。

A. 塑性　　B. 韧性　　C. 硬度　　D. 疲劳极限

14. 进行疲劳试验时，试样承受的载荷为________。

A. 静载荷　　B. 冲击载荷　　C. 循环载荷

15. 机械零件检验的性能一般是________。

A. 强度　　B. 硬度　　C. 塑性

二、判断题

1. 金属材料的塑性变形能随载荷的去除而消失。（　）
2. 所有金属材料在拉伸试验时都会出现显著的屈服现象。（　）
3. 弹性模量 E 为结构敏感性参数。（　）
4. 在冷脆转化温度（T_K）之下，材料由韧性转为脆性。（　）
5. 公式 $K_I = Y\sigma a^{1/2}$ 中 a 表示裂纹长度的一半。（　）
6. 硬度是反映材料软硬程度的一种性能指标，它表示材料表面局部区域内抵抗变形或破裂的能力，是表征材料性能的一个综合参量。（　）
7. 金属材料的硬度高、耐磨性就高，塑料也是。（　）
8. 洛氏硬度值是根据压头压入被测材料的残余压痕深度增量来确定的。（　）
9. 洛氏硬度标尺分为 HRA、HRB、HRC 三种。（　）
10. 进行布氏硬度试验时，当试验条件相同时，压痕直径越小，则材料的硬度越低。（　）
11. 维氏硬度 HV 可以用于薄工件的硬度测试。（　）
12. 机床床身和汽轮机叶片材料应具有良好的消振性。（　）
13. 金属具有正的电阻温度系数是指材料的电阻率随温度的升高而增加。（　）
14. 研究临界温度 T_c 较低的材料是超导材料实际应用的关键。（　）
15. 应力腐蚀属于电化学腐蚀的一种。（　）

三、问答题

1. 在有关工件的图样中，出现了以下几种硬度技术条件的标注方法，用这种标注是否正确？为什么？

（1） HBS250～300　　（2） 600～650HBS　　（3） 5～10HRC

（4） HRC70～75　　（5） HV800～850　　（6） 800～850 HV

2. 以下零件选材时，主要考虑材料的哪些主要使用性能指标？为什么？

（1） 自行车座位弹簧　　（2） 汽车、拖拉机齿轮　　（3） 切削金属用车刀

（4） 普通车床主轴　　（5） 车床床身　　（6） 手术刀片

3. 为了满足零件的力学性能，机械设计的依据是强度，而机械加工（在零件图上标注）的依据是硬度，为什么？

第二章　材料的结构

一、选择题

1. 金属材料、陶瓷材料和高分子材料的本质区别在于它们的________不同。

A. 性能　　B. 结构　　C. 结合键　　D. 熔点

2. 在固体状态下，下列化学键中结合力最弱的是________。

A. 离子键　　B. 共价键　　C. 金属键　　D. 分子键

3. 氧化物的结合键主要是________，碳化物的结合键主要是________，氮化物的结合键主要是________。

A. 离子键　　B. 共价键　　C. 金属键　　D. 分子键

4. 在三种常见的金属晶体结构中，原子排列最疏松的是________。

A. 面心立方晶格　　B. 体心立方晶格　　C. 密排六方晶格

5. γ-Fe、Cu 的晶体结构为________。

A. 体心立方　　B. 面心立方　　C. 密排六方

6. 奥氏体的晶体结构是________。

A. 体心立方　　B. 面心立方　　C. 密排六方

7. 铁素体的晶体结构是________。

A. 体心立方　　B. 面心立方　　C. 密排六方

8. 马氏体的晶体结构是________。

A. 体心立方　　B. 面心立方　　C. 密排六方　　D. 体心正方

9. 实际晶体的线缺陷表现为________。

A. 位错　　B. 空位和间隙原子　　C. 晶界　　D. 亚晶界

10. 空位、间隙原子、置换原子属于________；位错属于________；晶界、亚晶界、相界属于________。

A. 点缺陷　　B. 线缺陷　　C. 面缺陷

二、判断题

1. 体心立方晶格属于立方晶系，$a=b=c$。 (　　)

2. 晶格常数包括晶胞的棱边长度 a、b、c 三个参数。 (　　)

3. 一个体心立方晶胞所包含的原子数为 4。 (　　)

4. 一个面心立方晶胞所包含的原子数为 2。 (　　)

5. 体心立方晶格的原子半径为 $r=(\sqrt{2}/4)a$，面心立方晶格则是 $r=(\sqrt{3}/4)a$。 (　　)

6. Cu、Al、Au、Ag 属于面心立方结构。 (　　)

7. 金属晶体中面心立方晶格的致密度比体心立方晶格的致密度高。 (　　)

8. Cr、Mo、W、V 属于体心立方结构。 (　　)

9. γ-Fe 的晶体结构是体心立方。 (　　)

10. α-Fe 的晶体结构是面心立方。 (　　)

11. 马氏体是体心立方结构。 (　　)

12. α-Fe 与 γ-Fe 致密度相同。 (　　)

13. 晶体缺陷按几何特征可分为点缺陷、线缺陷、面缺陷、体缺陷四类。 (　　)

14. 线缺陷就是指位错。 (　　)

15. 晶界比晶粒本身容易被腐蚀和氧化。 (　　)

三、问答题

1. 常见的金属晶体结构有哪三种？致密度分别是多少？α-Fe、γ-Fe、Al、Cu、Ni、Cr、V、Mg、Zn 各属何种结构？

2. γ-Fe 的晶格常数（a=0.363nm）要大于 α-Fe 的晶格常数（a=0.289nm），γ-Fe 冷却到 912℃转变为 α-Fe 时体积反而增大，为什么？

3. 已知铜的原子直径为 0.256nm，求其晶格常数，并计算 9mm^3 铜中的原子数。

4. 5g 铁在室温、1000℃各是什么晶体结构？各含有多少个晶胞？

5. 已知铁原子直径为 2.54Å（1Å = 10^{-10}m），求室温时铁的晶格常数。

第三章 材料的凝固与结晶组织

一、选择题

1. 结晶实质上是物质________。

A. 从一种原子排列状态（晶态或非晶态）转变为另一种原子排列状态（晶态）的转变过程

B. 长程有序转变为近程有序的过程

C. 液态转变为固态的过程

2. 金属结晶时，冷却速度越快，其实际结晶温度将________。

A. 越高　　B. 越低　　C. 越接近理论结晶温度

3. 金属浇注时为细化晶粒，可采用________的工艺措施。

A. 快速浇注　　B. 低温浇注　　C. 加变质剂

D. 以砂型代替金属型　　E. 振动处理

4. 同一种元素在固态时发生晶格类型的转变，称为________。

A. 同素异构转变　　B. 磁性转变　　C. 同分异构转变

5. ________有同素异构转变。

A. Cu、Al　　B. Fe、Ti　　C. Zn、Mn

6. 固溶体的晶体结构________。

A. 与溶质相同　　B. 与溶剂相同　　C. 为其他晶型

7. 间隙相的性能特点是________。

A. 硬度高、熔点高　　B. 硬度高、熔点低　　C. 熔点高、硬度低

8. F 是一种________。

A. 间隙相　　B. 间隙固溶体　　C. 间隙化合物

9. A 是一种________。

A. 间隙相　　B. 间隙固溶体　　C. 间隙化合物

10. M 是一种________。

A. 间隙相　　B. 间隙固溶体　　C. 间隙化合物

11. VC 是一种________。

A. 间隙相　　B. 间隙固溶体　　C. 间隙化合物

12. Fe_3C 是一种________。

A. 间隙相　　B. 间隙固溶体　　C. 间隙化合物

13. 南京长江大桥大量使用含 Mn 的低合金结构钢（Q345），原因之一就是 Mn 的________作用提高了该材料的强度。

A. 固溶强化　　B. 弥散强化　　C. 位错强化

14. Cu-Ni 合金（白铜）通过增加 Ni 的溶解度使其硬度从 38HBW 提高到 60～80HBW，伸长率仍可保持在 50%左右，原因是________。

A. 固溶强化　　B. 弥散强化　　C. 位错强化

15. 为消除或减轻成分偏析，生产上广泛采用________的方法，以达到成分均匀化的目的。

A. 完全退火　　B. 去应力退火　　C. 均匀化退火

二、判断题

1. 凡是由液体凝固为固体的过程都是结晶过程。（　　）

2. 物质从液态转变为固体晶态称为一次结晶。（　　）

3. 物质从一种固体晶态过渡为另一种固体晶态的转变称为二次结晶。（　　）

4. 一般条件下，铁液浇注得到固态的铁为一次结晶。（　　）

5. 912℃时 γ-Fe→α-Fe，是一种二次结晶。（　　）

6. 因为单晶体是各向异性的，所以实际应用的金属材料在各个方向上的性能也是不同的。（　　）

7. 实际金属是由许多结晶位向都完全相同的小晶粒组成的。（　　）

8. 相对晶态而言，非晶态是一种短程无序、长程有序的混合结构。（　　）

9. 通常金属是由许多外形不规则、位向不同、大小不同的晶粒组成的多晶体。（　　）

10. 液态金属结晶不需要过冷。（　　）

11. 过冷度就是金属的实际结晶温度（T_n）与理论结晶温度（T_m）之差，即 $\Delta T = T_m - T_n$。过冷度越大，实际结晶温度越低。（　　）

12. 一般来说，液态物质的冷却速度越快，过冷度会越大，实际结晶温度就越低。（　　）

13. 金属的结晶过程是形核与长大的过程。 ( )

14. 实际金属和合金中，自发生核常常起着优先和主导的作用。 ( )

15. 晶体生长最常见的方式不是树枝状结晶。 ( )

16. 枝晶在三维空间得以均衡发展，各方向上的一次轴近似相等，其晶粒称为等轴晶粒。 ( )

17. 枝晶偏析不同于成分偏析。 ( )

18. 实际金属是单晶体。 ( )

19. 实际金属往往是多晶体。 ( )

20. 对于大型厚壁的铸件或铸锭，细化晶粒的有效方法之一是采用变质处理。 ( )

21. 铝合金浇注时加入 Ti、Zr、V 等变质剂，可使晶粒细化。 ( )

22. 铸铁浇注时加入硅铁、硅钙合金等变质剂，可使组织细化。 ( )

23. 铸铁浇注时加入硅铁、硅钙合金等变质剂，可使石墨细化。 ( )

24. 晶体的形核率、长大速度越高，得到的晶粒越细。 ( )

25. 晶粒度等级数值越大，晶粒越粗。 ( )

26. 1 级晶粒较细，8 级晶粒较粗。 ( )

27. 用来制造电动机和变压器的硅钢片，希望其晶粒粗大。 ( )

28. Fe 具有同素异构转变。 ( )

29. Ti 具有同素异构转变。 ( )

30. Cu 具有同素异构转变。 ( )

31. Al 具有同素异构转变。 ( )

32. 工业纯 Fe 加热到 912℃时会发生同素异构转变，α-Fe→γ-Fe，体积会膨胀。 ( )

33. 工业纯 Fe 冷却到 912℃时会发生同素异构转变，γ-Fe→α-Fe，体积会膨胀。 ( )

34. Ti 加热到 883℃会发生同素异构转变，α-Ti（密排六方）→β-Ti（体心立方）。 ( )

35. Fe 的同素异构转变是钢铁材料能够进行热处理的内因和根据。 ( )

36. 合金是由两种或两种以上的金属元素，或金属与非金属元素组成的具有金属特性的物质。 ( )

37. 碳钢是 Fe-C 二元合金。 ( )

38. 合金的相是指合金中具有同一化学成分、同一聚集状态、同一结构且以界面互相分开的各个均匀的组成部分。（　　）

39. 一个合金的室温组织为 $\alpha+\beta_{II}+(\alpha+\beta)$，它由三相组成。（　　）

40. 合金按相结构不同可以分为固溶体与金属化合物两种。（　　）

41. 固溶体可以分为置换固溶体、间隙固溶体两种。（　　）

42. 间隙固溶体都是无限固溶体。（　　）

43. 固溶体的强度和硬度，比组成固溶体的溶剂金属的强度和硬度高。（　　）

44. 碳钢中 F 是间隙固溶体。（　　）

45. 碳钢中 F 是置换固溶体。（　　）

46. 碳钢中 A 是间隙固溶体。（　　）

47. 碳钢中 A 是置换固溶体。（　　）

48. 碳钢中 M 是间隙固溶体。（　　）

49. 碳钢中 M 是置换固溶体。（　　）

50. 不锈钢（如 12Cr18Ni9）中的 A 是间隙固溶体。（　　）

51. 不锈钢（如 12Cr18Ni9）中的 A 是置换固溶体。（　　）

52. 当形成化合物的非金属元素与过渡族金属元素的原子半径比值小于0.59时，其晶体结构简单，该化合物称为间隙相，如 VC、TiC。（　　）

53. 间隙相不是一种固溶体，而是一种金属间化合物。（　　）

54. 当形成化合物的非金属元素与过渡族金属元素的原子半径比值大于0.59时，其晶体结构复杂，该化合物称为间隙化合物，如 Fe_3C。（　　）

55. 共晶成分的 Pb-Sn 合金（$w_{Sn}=61.9\%$）铸造性能最好，适于作焊锡使用。

（　　）

56. 共晶白口铸铁的浇注性能最好。（　　）

57. 发动机活塞常选用共晶成分的 Al-Si 合金。（　　）

58. P 由 $F+Fe_3C$ 组成，是共析组织。（　　）

59. 铸件中细小而较为分散的孔眼称为缩孔，铸件中容积大而集中的孔眼称为疏松。

（　　）

60. 铸件中心等轴晶区最容易产生疏松。（　　）

三、问答题

1. 如果其他条件相同，分别比较下列五种铸造条件下所得铸件晶粒的大小，并说明原因。

（1）高温浇注与低温浇注。

（2）金属模浇注与砂模浇注。

（3）铸成薄壁件与铸成厚壁件。

（4）厚大铸件的表面部分与中心部分。

（5）浇注时采用振动与不采用振动。

2. 为什么钢锭希望减少柱状晶区，而铜锭、铝锭往往希望扩大柱状晶区？

3. 为什么铸造合金常选用接近共晶成分的合金？为什么需进行压力加工的合金常选用单相固溶体成分的合金？

4. 传统焊锡的成分有什么特点？为什么？

5. 判断下列情况下是否有相变发生，为什么？

（1）液态金属结晶。

（2）晶粒粗细的变化。

（3）同素异构转变。

（4）α-Fe 加热到 912℃ 转变为 γ-Fe。

第四章 材料的变形断裂与强化机制

一、选择题

1. 滑移是在________作用下晶体的一部分相对于另一部分沿一定晶面和晶向发生的相对滑动。

A. 正应力　　B. 切应力　　C. 拉应力

2. 依据________原则，滑移实际上总是沿着晶体中原子排列最紧密的晶面和晶向发生。

A. 距离最小　　B. 力矩最小　　C. 阻力最小

3. 日本采用“高温多轴加工法”使压轧钢材的强度大大提高，其强化机理是________。

A. 固溶强化　　B. 加工硬化　　C. 细晶强化

4. 常温下细晶粒钢________。

A. 强度高，塑性、韧性好　　B. 强度高，塑性、韧性差

C. 强度低，塑性、韧性差　　D. 强度低，塑性、韧性好

5. 金属经冷塑性变形后________。

A. 强度、硬度升高，塑性、韧性不变　B. 强度、硬度升高，塑性、韧性下降

C. 强度、硬度下降，塑性、韧性不变　D. 强度、硬度、塑性、韧性均升高

6. 铁丝在室温下越折越硬，直至断裂，其原因是________。

A. Fe 发生加工硬化，不发生再结晶　B. Fe 不发生加工硬化，不发生再结晶

C. Fe 不发生加工硬化，发生再结晶　D. Fe 发生加工硬化，发生再结晶

7. 铅丝在室温下反复弯折，则始终处于软态，其原因是________。

A. Pb 不发生加工硬化，不发生再结晶　B. Pb 发生加工硬化，不发生再结晶

C. Pb 不发生加工硬化，发生再结晶　D. Pb 发生加工硬化，发生再结晶

8. 再结晶和重结晶都有形核和长大两个过程，主要区别在于有没有________改变。

A. 温度　　B. 晶体结构　　C. 应力状态

9. 变形金属再结晶后，________。

A. 形成等轴晶，强度增大　　　　B. 形成柱状晶，塑性下降

C. 形成柱状晶，强度升高　　　　D. 形成等轴晶，塑性升高

10. 变形金属的最低再结晶温度 T_R 与熔点 T_m 的关系是 T_R =________ T_m。

A. 0.4~0.5　　B. 0.5~0.6　　C. 0.6~0.7

11. 再结晶退火温度要比最低再结晶温度高________ 。

A. 50~100℃　　B. 100~200℃　　C. 200~300℃

12. 精密机件为提高尺寸稳定性，在冷加工后必须进行________。

A. 去氢退火　　B. 再结晶退火　　C. 去应力退火

13. Cu 电缆线拉拔过程中必须进行________。

A. 去应力退火　　B. 再结晶退火　　C. 均匀化退火

14. 经冷冲压的黄铜件，存在较大的内应力，在潮湿空气中有应力腐蚀倾向，须进行________。

A. 去应力退火　　B. 再结晶退火　　C. 均匀化退火

15. 为改善冷变形金属塑性变形的能力，可采用________。

A. 去应力退火　　B. 再结晶退火　　C. 变质处理

16. 在多工序冷拔钢丝过程中，插有中间退火工序，这是为了消除________。

A. 纤维组织　　B. 回弹现象　　C. 加工硬化　　D. 化学成分偏析

17. 冷、热加工的区别在于加工后是否留下________。

A. 加工硬化　　B. 晶格改变　　C. 纤维组织

18. 阻碍位错运动的障碍不同，强化机理不同。

第一种是溶质原子，引起________；第二种是晶界原子，引起________；

第三种是第二相粒子，引起________；第四种是位错本身，引起________ 。

A. 细晶强化　　　　B. 位错强化

C. 固溶强化　　　　D. 沉淀强化（弥散强化）

19. 在金属强化机制中，既能提高钢强度，同时也能改善钢韧性的强化手段是________ 。

A. 固溶强化　　B. 细晶强化　　C. 弥散强化

20. T8 钢与 45 钢比较，________。

A. 强度高，硬度高，塑性、韧性低　　B. 强度高，硬度高，塑性、韧性高

C. 强度低，硬度低，塑性、韧性高　　D. 强度低，硬度低，塑性、韧性低

二、判断题

1. 滑移是金属塑性变形的一种最主要方式。 ( )

2. 一般来说，晶体内滑移面和滑移方向越多，则金属的塑性越好。 ( )

3. 滑移是原子的刚性滑动。 ( )

4. 滑移主要依靠位错的运动完成。 ( )

5. 滑移变形会引起金属晶体结构的变化。 ( )

6. 实际上滑移是借助于位错的移动来实现，故晶界处滑移阻力最小。 ( )

7. 多晶体中各个晶粒的位向不同，在一定外力作用下处于“硬位向”的晶粒首先达到临界分切应力，率先开始滑移。 ( )

8. 多晶体的塑性变形从“软位向”晶粒开始，从一个晶粒传递到另一个晶粒，如此传递，逐渐产生宏观塑性变形。 ( )

9. 多晶体的塑性变形，从少数晶粒开始，逐步扩大到多数晶粒，最后到全体晶粒。 ( )

10. 多晶体的塑性变形始终是均匀变形。 ( )

11. 多晶体塑性变形时晶界不起阻碍作用。 ( )

12. 按 Hall-Petch 公式，多晶体金属的下屈服强度（R_{eH}）与其晶粒平均直径（d）的大小成正比关系。 ( )

13. 金属的加工硬化是指金属冷变形后强度和塑性提高的现象。 ( )

14. 冷变形金属随着变形量的增加，它的强度提高，塑性降低。 ( )

15. 在冷塑性变形过程中，随着变形程度的增加，金属的强度、硬度升高，而塑性、韧性会显著下降，这一现象称为加工硬化。 ( )

16. 加工硬化不利于金属均匀变形。 ( )

17. 钢丝冷拔成形过程中会产生加工硬化。 ( )

18. 在冷加工过程中，铸态金属的偏析、夹杂物、第二相、晶界等逐渐沿变形方向拉伸，其中硅酸盐、氧化物、碳化物等脆性杂质与第二相被打碎，呈碎粒状或链状分布；而塑性夹杂物（如 MnS 等）则变成带状、线状或条状，形成冷加工纤维组织。 ( )

19. 冷塑性变形使金属产生纤维组织，使其性能具有明显的方向性，其横向的强度和韧性高于纵向。 ( )

20. 金属在碰伤之处易于生锈，原因是有残留应力。 ( )

21. 残留应力的存在会导致金属材料的塑性降低、开裂和产生应力腐蚀。 ( )

22. 由于塑性变形不利于提高金属的内能及化学活性，所以金属冷塑性变形后耐蚀性下降。（ ）

23. 奥氏体不锈钢（如 12Cr18Ni9）采用加工硬化可以强化。（ ）

24. 金属冷塑性变形后产生加工硬化的原因是其位错密度增加。（ ）

25. 冷塑性变形金属再结晶后新晶粒与变形晶粒（旧晶粒）晶格类型不同。（ ）

26. 回复时，金属的显微组织没有变化。（ ）

27. 再结晶过程是一种没有晶格类型变化的特殊结晶过程。（ ）

28. 冷塑性变形金属经再结晶退火后，晶粒粗化。（ ）

29. 冷塑性变形金属在再结晶退火后晶粒位向和塑性变形前相同。（ ）

30. 采取再结晶退火，能保持冷塑性变形金属的强度和硬度。（ ）

31. 所谓回复退火就是指再结晶退火。（ ）

32. 所谓回复退火就是指去应力退火。（ ）

33. 重结晶退火就是再结晶退火。（ ）

34. 金属铸件可以通过再结晶退火来细化晶粒。（ ）

35. 室温下的变形加工称为冷加工，高温下的变形加工称为热加工。（ ）

36. 冷加工温度在再结晶温度以上。（ ）

37. 钢在常温下的变形加工是冷加工，铅在常温下的变形加工也是冷加工。（ ）

38. 热加工温度在再结晶温度以上。（ ）

39. 1000℃拉制钨丝属于冷加工。（ ）

40. 金属热塑性变形后，当变形量很大时晶界变得模糊不清，各晶粒难以分辨，而呈现形如纤维状的条纹，称之为纤维组织。（ ）

41. 热加工“纤维组织”又称为加工流线。（ ）

42. 热加工后顺纤维方向（纵向）力学性能较好，而垂直于流线方向（横向）力学性能较差。（ ）

43. 钢适宜于压力加工成形，而铸铁适宜于铸造成形。（ ）

44. 冷变形强化、固溶强化均使材料强度、硬度显著提高，塑性、韧性明显降低，故可认为它们有相同的强化机理。（ ）

45. 在室温下，金属的晶粒越细，则强度越高、塑性越低。（ ）

三、问答题

1. 冷塑性变形与热塑性变形后的金属能否根据其显微组织加以区别？为什么？

2. 为什么常温下细晶粒钢不仅强度高，而且塑性、韧性好？

3. 钨在1000℃变形加工，锡在室温下变形加工，分别是热加工还是冷加工？会不会发生加工硬化？如果发生加工硬化，用什么退火方法消除？退火温度是多少？（钨熔点是3410℃，锡熔点是232℃，计算系数取0.4）。

4. 用一冷拉钢丝绳吊装一大型工件入炉，并随工件一起加热到700℃，加热完毕，再次吊装该工件时钢丝绳断裂，为什么？

5. 用低碳钢钢板冷冲压成形的零件，冲压后发现各部位的硬度不同，为什么？

第五章　铁碳合金相图及应用

一、选择题

1. 按铁碳合金相图，碳钢与铸铁在成分上的分界点指的是碳的质量分数为________。

A. 0.77%　　B. 4.3%　　C. 2.11%　　D. 6.69%

2. $Fe-Fe_3C$ 合金相图上的共析线是________，共晶线是________。

A. ECF 线　　B. ACD 线　　C. PSK 线

3. 铁碳合金组织中，属于固溶体的是________。

A. A、C_m　　B. F、P　　C. F、A

4. F 是 C 在________中的________，A 是 C 在________中的________。

A. α-Fe　　B. γ-Fe　　C. 间隙相

D. 间隙固溶体　　E. 间隙化合物

5. P 是________。

A. 固溶体　　B. 化合物　　C. 机械混合物

6. P 是________产物，其碳的质量分数约为________。

A. 匀晶反应　　B. 共晶反应　　C. 共析反应

D. 6.69%　　E. 0.77%　　F. 7.7%

7. 从 A 中析出的渗碳体为________，从 F 中析出的渗碳体为________，P 中的渗碳体为________。

A. 一次渗碳体　　B. 二次渗碳体　　C. 共晶渗碳体　　D. 共析渗碳体

8. 在 Fe-C 合金室温平衡组织中，碳的质量分数为________的 Fe-C 合金的珠光体最多，达到________。

A. 0.45%　　B. 0.77%　　C. 2.11%　　D. 4.3%

E. 30%　　F. 50%　　G. 70%　　H. 100%

9. 在 Fe-C 合金室温平衡组织中，碳的质量分数为________的 Fe-C 合金的 Fe_3C_{II} 最多。

A. 0.8%　　B. 1.2%　　C. 2.11%　　D. 4.3%

10. 在 Fe-C 合金室温平衡组织中，碳的质量分数为________成分 Fe-C 合金的莱氏体最多，达到________。

A. 0.8%　　B. 1.2%　　C. 2.11%　　D. 4.3%

E. 30%　　F. 50%　　G. 70%　　H. 100%

11. 碳的质量分数为 0.45%的铁碳合金，加热到 750℃时的组织为________，加热到 840℃时的组织为________，加热到 900℃时的组织为________。

A. A　　B. A+F　　C. A+ Fe_3C

12. 碳的质量分数为 1.0%的铁碳合金，加热到 750℃时的组织为________，加热到 900℃时的组织为________。

A. P　　B. A　　C. A+ Fe_3C_{II}

13. 在亚共析钢的室温退火组织中，随着含碳量增加，组织中的珠光体百分比________。

A. 增加　　B. 减少　　C. 不变

14. 在过共析钢的室温退火组织中，随着含碳量增加，组织中的珠光体百分比________。

A. 增加　　B. 减少　　C. 不变

15. 08F 钢中碳的平均质量分数为________。

A. 0.08%　　B. 0.8%　　C. 8%　　D. 80%

16. 20 钢中碳的平均质量分数为________。

A. 20%　　B. 2.0%　　C. 0.2%　　D. 0.02%

17. 45 钢中碳的平均质量分数为________。

A. 45%　　B. 4.5%　　C. 0.45%　　D. 0.045%

18. T8 钢中碳的平均质量分数为________。

A. 8%　　B. 0.8%　　C. 0.08%

19. T10 钢中碳的平均质量分数为________。

A. 0.01%　　B. 0.1%　　C. 1.0%　　D. 10%

20. 以下钢种中，属于亚共析钢的是________，属于共析钢的是________，属于过共析钢的是________。

A. 08F　　B. 20 钢　　C. 45 钢　　D. T8　　E. T10

21. 工业纯铁室温平衡组织是________。

A. F　　B. A　　C. P　　D. Fe_3C

22. 亚共析碳钢室温平衡组织是________。

A. P　　B. P+F　　C. P+ Fe_3C

23. 共析碳钢室温平衡组织是________。

A. P　　B. P+F　　C. P+ Fe_3C

24. 过共析碳钢室温平衡组织是________。

A. P　　B. P+F　　C. P+ Fe_3C_{II}

25. 20 钢的室温平衡组织为 P+F，比例为________。

A. 26%，74%　　B. 36%，64%　　C. 46%，54%　　D. 56%，44%

26. 45 钢的室温平衡组织为 P+F，比例为________。

A. 28%，72%　　B. 38%，62%　　C. 48%，52%　　D. 58%，42%

27. T8 钢退火后的组织是________。

A. P　　B. P+F　　C. P+ Fe_3C

28. 45 钢退火后的组织是________。

A. P　　B. P+F　　C. P+ Fe_3C

29. T10 钢退火后的组织是________。

A. P　　B. P+F　　C. P+ Fe_3C

30. 下列材料中，________的铸造性能最好，________的可焊性最好，________的压力加工性能最好。

A. Q195　　B. 共晶成分铸铁　　C. 奥氏体状态的碳钢

二、判断题

1. Fe-Fe_3C 合金相图的纵坐标表示温度，横坐标表示时间。（　　）

2. 碳的质量分数小于 6.69%的铁碳合金，从高温缓冷到 727℃时都会发生共析转变。（　　）

3. 铁素体和渗碳体组成的混合物称莱氏体。（　　）

4. P 的平均碳的质量分数为 0.77%。（　　）

5. 在铁碳合金平衡结晶过程中，只有碳的质量分数为 4.3%的铁碳合金才能发生共晶反应。（　　）

6. Fe_3C_{I}、Fe_3C_{II}、Fe_3C_{III}的形态和晶格结构均不相同。（　　）

7. 金属化合物的性能是硬而脆，莱氏体的性能也是硬而脆，故莱氏体属于金属化

合物。 (　　)

8. 20 钢比 T12 钢的平均碳含量要高。 (　　)

9. 08F 钢的室温平衡组织全部是 F。 (　　)

10. T8 钢的室温平衡组织全部是 P。 (　　)

11. 某亚共析碳钢的退火组织为 58%P+42%F，其碳的质量分数为 45%。 (　　)

12. 某过共析碳钢的退火组织中 P 含量 93%，其碳的质量分数为 0.72%。 (　　)

13. 在退火状态，45 钢比 20 钢的塑性、强度都高。 (　　)

14. 在室温下，退火状态的碳的质量分数为 0.8%的钢硬度比碳的质量分数为 1.2%的钢高。 (　　)

15. 对于要求塑性、韧性好的建筑结构和各种型钢应选用碳含量较低的钢材。 (　　)

16. 对于要求高硬度、高耐磨性的各种工具应选用碳含量高的钢种。 (　　)

17. 在 Fe-C 合金中，碳的质量分数为 4.3%时流动性最好，铸造性能最好。(　　)

18. 在 1100℃下，碳的质量分数为 0.4%的钢能进行锻造，碳的质量分数为 4.0%的铸铁不能锻造。 (　　)

19. 钢材轧制或锻造的温度范围选择在 $Fe-Fe_3C$ 相图的单相奥氏体区域合适。 (　　)

20. 各种热处理工艺的加热温度都是以 $Fe-Fe_3C$ 相图上的临界点 A_1、A_3、A_{cm}为依据的。 (　　)

三、问答题

1. 某仓库积压了一批同牌号退火状态的碳钢，现找出一根，经金相分析后发现组织为珠光体和铁素体，其中铁素体占 40%。问此钢的碳的质量分数为多少？

2. 根据 $Fe-Fe_3C$ 相图，计算室温下 w_C 分别为 0.3%、1.0%的钢退火后组织组成物的百分比。

3. 现有一种铁碳合金，其退火显微组织中珠光体占 93%，二次渗碳体占 7%。问这种合金属于哪一类合金（亚共析钢、共析钢、过共析钢）？其碳的质量分数为多少？

4. 退火状态下碳的质量分数分别为 0.45%、0.80%、1.2%的碳钢的组织分别是什么？其强度、硬度、塑性和韧性的大小如何比较？

5. 为什么炼铁容易炼钢难？

第六章　钢的热处理

一、选择题

1. 在 $Fe-Fe_3C$ 相图中，GS 线是________，ES 线是________，PS 线是________。

A. A_1 线　　B. A_2 线　　C. A_3 线　　D. A_{cm}线

2. 在 $Fe-Fe_3C$ 相图中，所谓 A_1 线，其温度是________。

A. 707℃　　B. 717℃　　C. 727℃　　D. 737℃

3. 奥氏体向珠光体的转变是________。

A. 扩散型转变　B. 非扩散型转变　C. 半扩散型转变

4. P 转变是________，B 转变是________，M 转变是________。

A. 扩散型转变　B. 不扩散型转变　C. 半扩散型转变

5. T8 钢奥氏体化后在________等温转变得 P；在________等温转变得 S；在________等温转变得 T。

A. 550～600℃　　B. 600～650℃　　C. 650℃～A_1

6. 共析钢加热为奥氏体后，等温冷却时所形成的组织主要决定于________。

A. 奥氏体加热时的温度　　B. 奥氏体在加热时的均匀化程度

C. 奥氏体冷却时的等温温度　　D. 奥氏体的冷却速度

7. 共析钢的过冷奥氏体在 350～550℃ 的温度区间等温转变时，所形成的组织是________；在 350℃～Ms 的温度区间等温转变时，形成的组织是________。

A. $B_{上}$　　B. $B_{下}$　　C. P　　D. S

8. 具有良好综合力学性能的组织是________。

A. $B_{上}$　　B. $B_{下}$　　C. P　　D. 片状 M　　E. $S_{回}$

9. 共析钢等温淬火后得到________。

A. M　　B. $B_{上}$　　C. $B_{下}$

10. 碳钢退火后组织以________为主。

A. A　　B. P　　C. M

11. 过共析碳钢如存在严重的网状 $Fe_3C_{Ⅱ}$，在________前须进行________处理，否

则 Fe_3C 球化效果不好。

A. 完全退火　B. 球化退火　C. 扩散退火　D. 正火

12. 为了减轻金属铸锭、铸件或锻坯的化学成分偏析和组织不均匀性，须进行________。

A. 完全退火　B. 球化退火　C. 均匀化退火（扩散退火）

13. 为了去除由于塑性加工、焊接、热处理及机械加工等造成的及铸件内存在的残余应力，需进行________。

A. 完全退火　B. 球化退火　C. 扩散退火　D. 去应力退火

E. 再结晶退火

14. 均匀化退火（扩散退火）的主要目的是________。

A. 消除冷变形强化带来的影响　B. 降低硬度以利切削加工

C. 消除或改善枝晶偏析　D. 消除或降低残余应力

15. 生产上消除枝晶偏析的热处理方法为________。

A. 完全退火　B. 球化退火　C. 去应力退火　D. 扩散退火

16. 冷轧钢板要求消除冷变形强化的热处理是________。

A. 完全退火　B. 球化退火　C. 去应力退火　D. 再结晶退火

17. 45 钢锻件改善切削加工性的热处理是________，T10 钢锻件改善切削加工性的热处理是________。

A. 正火　B. 完全退火　C. 球化退火　D. 去应力退火

18. 片状 P 经________可得球状 P。

A. 完全退火　B. 球化退火　C. 再结晶退火

19. 某精密丝杠，热处理后有弯曲变形，校直后应进行的热处理是________。

A. 完全退火　B. 球化退火　C. 去应力退火　D. 再结晶退火

20. 完全退火主要应用于________。

A. 亚共析钢　B. 共析钢　C. 过共析钢

21. 亚共析钢的正火加热温度________。

A. Ac_1+（30~50）℃　B. Ac_3+（30~50）℃

C. Ar_1+（30~50）℃　D. Ar_3+（30~50）℃

22. 碳钢正火后得到以________为主的组织。

A. P　B. S　C. T　D. M

23. 为改善低碳钢的切削加工性能，须进行________处理。

A. 完全退火　　B. 球化退火　　C. 正火

24. 下列热处理方法中，加热时使 T10 钢完全奥氏体化的方法是________。

A. 去应力退火　　B. 球化退火

C. 二次再结晶退火　　D. 正火

25. 20 钢锻件改善切削加工性的热处理是________。

A. 正火　　B. 完全退火　　C. 球化退火　　D. 去应力退火

26. 过共析钢正火的目的是________。

A. 调整硬度，改善切削加工性　　B. 细化晶粒，为淬火作组织准备

C. 消除网状二次渗碳体　　D. 防止淬火变形与开裂

27. T12 钢消除网状渗碳体的热处理是________。

A. 正火　　B. 完全退火　　C. 球化退火　　D. 去应力退火

28. 为改善可加工性，20 钢板材需________，T8 钢锯条需________，具有片状 Fe_3C 的 T12 钢毛坯需________。

A. 完全退火　　B. 球化退火　　C. 正火

29. T8 钢经________后可得 $B_{下}$ 组织，________后可得 M 组织。

A. 单介质淬火（如水冷）　　B. 等温淬火　　C. 分级淬火

30. M 是 C 在________中的________间隙固溶体，具有________结构。

A. α-Fe　　B. γ-Fe　　C. 不饱和　　D. 饱和

E. 过饱和　　F. 体心立方　　G. 面心立方　　H. 体心正方

31. 淬火钢中的 M，一般当 w（C）________时，几乎为板条状；w（C）________时，几乎为片状；w（C）________时，为混合状。

A. >1.0%　　B. <0.3%　　C. =0.3%~1.0%

32. 在下列组织中，比体积最大的是________，比体积最小的是________。

A. A　　B. P　　C. M

33. 钢经淬火得到 M 时，往往内应力最大，原因是________。

A. 冷却太快　　B. A 与 M 比体积相差最大　　C. A 与 M 比体积相差最小

34. 影响碳钢淬火后残留奥氏体量的主要因素是________。

A. 奥氏体的碳含量　　B. 钢材本身的碳含量

C. 加热速度　　D. 加热保温时间

35. T8 钢充分奥氏体化后，________得到 P，________得到 S，________得到 M。

A. 水冷　　B. 油冷　　C. 空冷　　D. 炉冷

36. 碳素钢确定淬火温度的依据是________。

A. TTT 曲线　　B. CCT 曲线　　C. 铁碳合金状态图

37. 亚共析碳钢的淬火加热温度是________，过共析碳钢的淬火加热温度是________，共析碳钢的淬火加热温度是________。

A. Ac_1+30～50℃　　B. Ac_3+30～50℃

C. Ac_{cm}+30～50℃

38. 共析钢正常的淬火温度约为________℃。

A. 850　　B. 727　　C. 760　　D. 1280

39. 碳钢淬火时一般采用________冷，合金钢淬火时一般采用________冷。

A. 炉　　B. 空气　　C. 油　　D. 水

40. T8 钢等温退火后得到________组织。

A. P+ Fe_3C　　B. $B_下$　　C. M

41. T12 钢锉刀淬火后需________，得到________组织；65 钢弹簧淬火后需________，得到________组织；45 钢小轴淬火后需________，得到________组织。

A. 高温回火　　B. 中温回火　　C. 低温回火　　D. $M_回$　　E. $T_回$

F. $S_回$

42. 40Cr 钢制拖拉机连杆螺栓，淬火时采用________冷，回火后采用________冷。

A. 炉　　B. 空气　　C. 水　　D. 油

43. 40CrNiMoA 钢中 Mo 元素的主要作用是________。

A. 提高淬透性　B. 提高热硬性　C. 消除高温回火脆性

44. 碳钢先淬火，后高温回火，称为________，得到________组织。

A. 变质处理　　B. 调质处理　　C. 时效处理　　D. $M_回$　　E. $T_回$

F. $S_回$

45. W18Cr4V 钢淬火后 560℃ 回火，得到________组织。

A. $S_回$　　B. $M_回$　　C. $M_回$+K+A_R

46. 能减少淬火开裂变形的措施是________。

A. 加大淬火冷却速度　　B. 选择合适的淬火冷却介质

C. 升高加热温度　　D. 淬火加热时增加溶入奥氏体中的合金元素的量

47. 钢的淬透层深度取决于________。

A. 临界冷却速度　　B. 工件的尺寸

C. 淬火冷却介质的冷却能力　　D. 与上述因素都有关

48. 某高碳钢工件淬火后要消除 A_R 的热处理是________。

A. 正火　　B. 球化退火　　C. 扩散退火　　D. 冷处理

49. T10 钢工件要求高硬度（大于 60HRC）、高耐磨性的热处理是________。

A. 正火　　B. 淬火

C. 淬火+高温回火　　D. 淬火+低温回火

50. 45 钢工件要求高强韧性的热处理是________。

A. 正火　　B. 淬火

C. 淬火+高温回火　　D. 淬火+低温回火

51. 碳钢经调质处理后获得的组织是________。

A. $M_{回}$　　B. $T_{回}$　　C. $S_{回}$

52. 若合金元素能使 C 曲线右移，钢的淬透性将________。

A. 降低　　B. 提高　　C. 不改变　　D. 不确定

53. 45 钢在水和油中冷却时，其临界直径分别用 $D_{0水}$ 和 $D_{0油}$ 表示，它们的关系是________。

A. $D_{0水}<D_{0油}$　　B. $D_{0水}>D_{0油}$　　C. $D_{0水}=D_{0油}$

54. 钢的淬透性主要取决于________。

A. 钢中碳含量　B. 冷却介质　　C. 钢中合金元素的种类和含量

55. 下列钢中淬透性最高的是________，淬硬性最高的是________。

A. 45 钢　　B. T8　　C. T12　　D. 40Cr　　E. 40CrNiMo

56. 钢的淬硬性主要取决于________。

A. 钢中碳含量　B. 冷却介质　　C. 钢中合金元素的种类和含量

57. 马氏体的硬度取决于________。

A. 冷却速度　　B. 转变温度　　C. 碳含量

58. 合金工具钢淬火后的硬度主要取决于马氏体中的________。

A. 碳含量　　B. 硫、磷含量　C. 合金元素含量

59. 对形状复杂、截面变化大的零件进行淬火时，应选用________钢。

A. 高淬透性　　B. 中淬透性　　C. 低淬透性

60. 直径为 10mm 的 40 钢的常规淬火温度大约为________。

A. 750℃　　B. 850℃　　C. 920℃

61. 直径为 10mm 的 40 钢在常规淬火温度加热、水淬后的显微组织为________。

A. 马氏体　　B. 铁素体+马氏体　　C. 马氏体+珠光体

62. 钢的回火处理在________后进行。

A. 退火　B. 正火　C. 淬火

63. 感应淬火一般适用于________。

A. 低碳钢　B. 中碳钢　C. 高碳钢

64. 感应淬火后须进行________，使表层得到________组织。

A. 高温回火　B. 中温回火　C. 低温回火　D. $S_{回}$　E. $T_{回}$

F. $M_{回}$

65. 工件渗碳淬火后须进行________处理。

A. 高温回火　B. 中温回火　C. 低温回火

66. 钢合适的渗碳温度大约为________℃。

A. 650　B. 800　C. 930　D. 1100

67. 38CrMoAlA 钢制镗床镗杆需进行________处理。

A. 感应淬火　B. 渗碳　C. 渗氮

68. ________件的耐蚀性好。

A. 感应淬火　B. 渗碳　C. 渗氮

69. 真空热处理可实现钢件的________。

A. 无氧化　B. 无脱碳　C. 无污染　D. 少畸变

70. 可控气氛热处理的主要目的是________。

A. 增碳　B. 氧化　C. 不氧化　D. 不脱碳

二、判断题

1. 当把亚共析钢加热到 $Ac_1 \sim Ac_3$ 的温度时，将获得由铁素体和奥氏体构成的两相组织，在平衡条件下，其中奥氏体的碳含量总是大于钢的碳含量。　(　)

2. 当原始组织为片状珠光体的钢加热奥氏体化时，细片状珠光体的奥氏体化速度要比粗片状珠光体的奥氏体化速度快。　(　)

3. 本质细晶粒钢，在任何加热条件下晶粒均细化。　(　)

4. 钢奥氏体化后，在任何情况下奥氏体中的碳含量均与钢中碳含量相等。　(　)

5. 当共析成分的奥氏体在冷却发生珠光体转变时，温度越低，其转变产物组织越粗。　(　)

6. 因为过冷奥氏体的连续冷却转变图位于等温转变图的右下方，所以连续冷却转变

图的临界冷速比等温冷却转变图临界冷速大。 ( )

7. 过烧的工件可以通过重结晶退火使晶粒细化。 ( )

8. 产生了过热的工件只能报废。 ( )

9. 缝衣针在淬火加热时须采用真空炉加热。 ( )

10. P、S、T 的碳含量相同。 ( )

11. 45 钢在 840~860℃加热后，水中冷却属于等温冷却。 ( )

12. 与上贝氏体相比，下贝氏体的强度、硬度均较差。 ( )

13. 马氏体实质上就是碳溶于 α-Fe 中的过饱和间隙固溶体。 ( )

14. 马氏体是碳在 α-Fe 中的过饱和固溶体。当奥氏体向马氏体转变时，体积要收缩。 ( )

15. 不论碳含量的高低，马氏体的硬度都很高、脆性都很大。 ( )

16. 退火与正火的目的大致相同，它们的主要区别是保温时间的长短。 ( )

17. 正火可以提高用 20 钢制成的锻件的硬度，改善其切削加工性。 ( )

18. 在机械零件及工模具等加工中，退火与正火一般作为预备热处理被安排在毛坯生产之后，粗（或半精）加工之前。 ( )

19. 为了消除过共析钢中的网状二次渗碳体，应对其进行完全退火。 ( )

20. 球化退火主要用于消除铸件、锻件、焊件的内应力，稳定尺寸，减少工件使用过程中的变形。 ( )

21. 重结晶退火与再结晶退火相同。 ( )

22. 灰铸铁经球化退火可以得到球墨铸铁。 ( )

23. 球化退火主要适用于共析和亚共析成分的碳钢和合金钢锻、轧件。 ( )

24. 低碳钢或高碳钢件为便于进行机械加工，可预先进行球化退火。 ( )

25. 碳素工具钢中的 Fe_3C 球化有利于改善切削加工性能。 ( )

26. 经退火后再高温回火的钢，能得到回火索氏体组织，具有良好的综合力学性能。 ( )

27. 经淬火后再高温回火的中碳钢，得到的组织具有良好的综合力学性能，此种热处理方法称为调质处理。 ( )

28. 一般而言，碳钢淬火后 A_R 较少，合金钢淬火后 A_R 较多。 ( )

29. 精密丝杠淬火后为最大限度消除 A_R，以提高硬度、耐磨性与尺寸稳定性，须进行冷处理。 ( )

30. T8 钢充分奥氏体化采用某种连续冷却工艺有可能得到 $B_{下}$。 ( )

31. 淬透性高的钢淬火后硬度也高。（ ）

32. 淬透性主要取决于冷却速度。（ ）

33. 在碳钢中，具有共析成分的钢比亚共析钢和过共析钢有更好的淬透性。（ ）

34. 在碳钢中，共析钢的淬硬性最好。（ ）

35. 用同一种钢材制成的尺寸不同的两个零件，它们的淬透性相同。（ ）

36. 钢的热硬性主要取决于淬火后钢中马氏体的含碳量。（ ）

37. 过冷奥氏体的冷却速度越快，冷却后钢的淬透层越深。（ ）

38. 含 Ni、Cr、Mn 元素而不含 Mo、W 元素的合金调质钢经淬火及 500~600℃ 回火后慢冷不会出现第二类回火脆性。（ ）

39. 工频感应淬火往往适用于小型零件。（ ）

40. 感应淬火件表面质量好，变形小。（ ）

41. 表面淬火既能改变钢的表层组织，也能改变心部的组织和性能。（ ）

42. 感应淬火时，频率越高，加热深度越厚。（ ）

43. 感应加热过程中，电流频率越大，电流渗入深度越小，加热层越薄。（ ）

44. 渗碳温度必须在 Ac_1 以下，通常为 900~950℃。（ ）

45. 渗碳后，由于工件表层含碳量提高，所以不需要淬火即可获得高硬度和高耐磨性。（ ）

三、问答题

1. 确定下列钢件的退火方法，并指出退火目的及退火后的组织：

（1）ZG270-500 的铸造齿轮。

（2）改善 T12 钢的切削加工性能。

（3）经冷轧后的 15 钢钢板，要求降低硬度。

2. 指出下列钢件正火的主要目的及所得组织：

（1）45 钢小轴　　（2）20 钢齿轮　　（3）T12 钢锉刀

3. 为改善可加工性，确定下列钢件的预备热处理方法，并指出所得到的组织：

（1）具有片状渗碳体的 T12 钢钢坯。

（2）T8 钢锯条。

（3）20 钢钢板。

4. 某一用 45 钢制的零件，其加工路线如下：备料→锻造→正火→粗机械加工→调质→精机械加工→高频感应淬火+低温回火→磨削，其各个热处理工序的目的是什么？分别得到什么组织？

5. 用 T10 钢制造形状简单的车刀，其工艺路线为：锻造→热处理→机械加工→热处理→磨削。

（1）各个热处理工序的名称是什么？有什么作用？

（2）车刀在使用状态下的显微组织是什么？大致硬度是多少？

6. 将一 45 钢棒料切割为 4 块试样，同时加热到 850℃充分奥氏体化，然后分别在水、油、炉、空气中冷却。问：各是何种热处理工艺？各获得什么组织？其硬度如何排序？

7. 两个碳含量分别为 1.2%的碳钢薄试样，分别加热到 780℃、900℃，保温相同时间奥氏体化后水冷。问：

(1) 哪个温度加热淬火后马氏体晶粒较细小？为什么？

(2) 哪个温度加热淬火后马氏体中的碳含量较少？为什么？

(3) 哪个温度加热淬火后残留奥氏体量较少？为什么？

(4) 哪个温度加热淬火后未溶渗碳体量较多？为什么？

(5) 哪个温度加热淬火合适？为什么？

8. 直径为 6mm 的 45 钢退火试样分别再经下列温度加热：700℃、760℃、840℃、1100℃保温后在水中冷却，各得到什么室温组织？为什么？

9. 退火后的 45 钢、T12 钢再经下列热处理后，最终组织分别是什么？硬度值如何排序？为什么？

（1）45 钢加热到 700℃后，投入水中快冷，硬度记为 H1。

（2）45 钢加热到 750℃后，投入水中快冷，硬度记为 H2。

（3）45 钢加热到 840℃后，投入水中快冷，硬度记为 H3。

（4）T12 钢加热到 700℃后，投入水中快冷，硬度记为 H4。

（5）T12 钢加热到 750℃后，投入水中快冷，硬度记为 H5。

（6）T12 钢加热到 900℃后，投入水中快冷，硬度记为 H6。

10. 选择下列零件的热处理方法（各零件均选用锻造毛坯，且钢材具有足够的淬透性），其最终组织为什么？

（1）某机床主轴，要求有良好的综合力学性能，轴颈部分要求耐磨（50~55HRC），材料选用 45 钢。

（2）某机床变速箱齿轮（模数 $m=4$），要求齿面耐磨，心部强度和韧性要求不高，材料选用 45 钢。

（3）M12 丝锥，要求刃部硬度为 60～62HRC，柄部硬度为 30～40HRC，材料选用 T12A。

第七章　钢铁材料

一、选择题

1. Si、Mn 均可固溶于 F 中，使钢的强度、硬度升高，起________作用。

A. 固溶强化　　B. 位错强化　　C. 细晶强化

2. 依据浇注前钢液脱氧程度不同，钢可分为镇静钢________、沸腾钢________和半镇静钢________。

A. 不完全脱氧　　B. 充分脱氧　　C. 介于 A、B 之间。

3. 合金元素对奥氏体晶粒长大的影响是________。

A. 均强烈阻止奥氏体晶粒长大　　B. 均强烈促进奥氏体晶粒长大

C. 无影响　　D. 上述说法都不全面

4. 合金元素与碳的亲和力越强，________。

A. 越易溶入铁素体中，越易聚集长大

B. 越易溶入铁素体中，越难聚集长大

C. 越难溶入铁素体中，越易聚集长大

D. 越难溶入铁素体中，越难聚集长大

5. 40Cr 钢中 Cr 元素的主要作用是________。

A. 提高淬透性　　B. 提高淬硬性　　C. 提高耐磨性　　D. 提高耐蚀性

6. 淬透性好的钢具有________。

A. 高的合金元素含量　　B. 高的碳含量

C. 低的碳含量　　D. 低的合金元素含量

7. T12 钢与 18Cr2Ni4WA 钢相比，________。

A. 淬透性低而淬硬性高　　B. 淬透性高而淬硬性低

C. 淬透性高、淬硬性也高　　D. 淬透性低、淬硬性也低

8. 碳钢按碳的平均质量分数不同可分为低碳钢________、中碳钢________、高碳钢________。

A. $\omega(C) \leqslant 0.25\%$　　B. $\omega(C)$ 0.25%~0.6%

C. $\omega(C) \geqslant 0.6\%$

9. 普通、优质和特殊质量非合金钢是按________进行区分的。

A. 主要质量等级　B. 主要性能　C. 使用特性　D. 前三者综合考虑

10. 在下列三种钢中，________钢的弹性最好，________钢的硬度最高，________钢的塑性最好。

A. T10　B. 20　C. 65

11. 08F 牌号中，08 表示其碳的平均质量分数为________。

A. 0.08%　B. 0.8%　C. 8%

12. 下列金属材料中，最适宜作为焊接构件的是________。

A. 20Cr13　B. HT200　C. T8　D. Q345

13. 普通低合金结构钢具有良好的塑性是由于________。

A. 含碳量低　B. 单相固溶体　C. 晶粒细小　D. 过热敏感性小

14. 低合金高强度结构钢大多在________状态使用。

A. 淬火　B. 退火　C. 热轧空冷

15. 20 钢制链条的链节渗碳后________冷。

A. 炉　B. 空气　C. 水　D. 油

16. 20Cr 钢的常规渗碳温度大约为________。

A. 850~900℃　B. 900~950℃　C. 950~1000℃

17. 20CrMnTi 钢中 Ti 的主要作用是________，Cr 的主要作用是________。

A. 提高淬透性　B. 提高淬硬性　C. 细化晶粒

18. 受冲击载荷作用的齿轮应选用________。

A. KTZ550-04　B. GCr15　C. Cr12MoV　D. 20CrMnTi

19. 自行车链条用________制作，汽车拖拉机齿轮用________制作，活塞销用________制作，飞机发动机齿轮用________制作。

A. 20 钢　B. 20Cr　C. 20CrMnTi　D. 18Cr2Ni4WA

20. 采用 20CrMnTi 钢制造汽车拖拉机齿轮，其预备热处理是________，得到的组织是________，最终热处理是________。

A. 正火　B. 完全退火　C. 球化退火　D. 去应力退火

E. P+F　F. $P+C_m$　G. S+F　H. $S+C_m$

I. 淬火+低温回火　J. 氮化

K. 渗碳+淬火+低温回火　L. 都不对

21. 碳素钢经调质处理（即淬火+________），得到________组织。

A. 低温回火 B. 中温回火 C. 高温回火

D. $M_{回}$ E. $T_{回}$ F. $S_{回}$

22. 40CrNiMoA 钢中 Cr 的主要作用是________，Mo 的主要作用是________。

A. 提高淬透性 B. 提高热硬性 C. 细化晶粒 D. 消除高温回火脆性

23. 机床齿轮、机床主轴都可以用________制作，最终热处理是________。

A. 20 钢 B. 45 钢 C. 65 钢

D. 先调质，后表面淬火+低温回火 E. 先调质，后氮化

24. 用________热处理方法能使 40Cr 钢表层是 $M_{回}$，心部是 $S_{回}$。

A. 先调质，后表面淬火+低温回火 B. 先调质，后氮化

C. 先正火，后调质

25. 用________热处理方法能使 38CrMoAlA 钢表层是氮化物，心部是 $S_{回}$。

A. 先调质，后表面淬火+低温回火 B. 先调质，后氮化

C. 先正火，后调质

26. 制造直径 25mm 的螺栓，要求整个截面上具有良好的综合力学性能，应选用________。

A. 45 钢经正火处理 B. 60Si2Mn 经淬火和高温回火

C. 40Cr 钢经调质处理

27. 45 钢制机床齿轮，该钢属于________，其预备热处理是________，其最终热处理是________，其表层组织是________，心部组织是________。

A. 低碳钢 B. 中碳钢 C. 高碳钢 D. 正火

E. 完全退火 F. 球化退火 G. 再结晶退火 H. 调质

I. 淬火+高温回火 J. 先调质，后表面淬火+低温回火 K. 都不对

L. $M_{回}$ M. $T_{回}$ N. $S_{回}$

28. 采用 40Cr 钢制造拖拉机连杆螺栓，Cr 的主要作用是________。其最终热处理工艺是________，淬火时采用________冷，回火时采用________冷。

A. 提高淬透性 B. 提高热硬性 C. 提高耐蚀性

D. 淬火+低温回火 E. 淬火+中温回火 F. 淬火+高温回火

G. 水 H. 油 I. 空气

29. 采用 38CrMoAlA 钢制造高精度磨床主轴，其预备热处理是________，其最终热处理是________，其最终表层组织是________，心部组织是________。

A. 正火 B. 完全退火 C. 球化退火

D. 去应力退火　E. 调质　F. 氮化

G. 先调质，后氮化　H. 都不对　I. $M_{回}$

J. $T_{回}$　K. $S_{回}$　L. 氮化物

30. 制造轴、齿轮等零件所用的调质钢，其碳的平均质量分数范围是________，为提高淬透性应加入合金元素________。

A. w_C = 0.25%～0.5%　B. w_C = 0.6%～0.9%

C. w_C<0.25%　D. Cr、Ni、Si、Mn、B

E. W、Mo、V、Ti、Nb　F. Co、Al、S、P

31. 45、40CrNi 和 40CrNiMo 等调质钢产生第二类回火脆性的倾向大小是________。

A. 40CrNiMo>40CrNi>45　B. 40CrNi>40CrNiMo>45

C. 45>40CrNi>40CrNiMo

32. 40CrNiMoA 钢与 40 钢相比，40CrNiMoA 钢的热处理工艺参数特点是________。

A. *Ms* 点低，淬火后残留奥氏体量少　B. *Ms* 点低，淬火后残留奥氏体量多

C. *Ms* 点高，淬火后残留奥氏体量少　D. *Ms* 点高，淬火后残留奥氏体量多

33. 无第二类回火脆性的钢是________。

A. 碳素钢　B. 铬钢　C. 锰钢

34. 发条用________制作，汽车、拖拉机板簧用________制作，发动机阀门弹簧用________制作。

A. 65 钢　B. 65Mn　C. 60Si2Mn　D. 50CrVA

35. 弹簧冷成形加工后产生了较大的内应力和脆性，须进行________。

A. 去应力退火　B. 再结晶退火　C. 完全退火

36. 弹簧最终热处理是淬火后________，得到________组织。

A. 低温回火　B. 中温回火　C. 高温回火　D. $M_{回}$　E. $T_{回}$

F. $S_{回}$

37. 汽车板簧应选用________材料。

A. 45 钢　B. 60Si2Mn　C. 20Cr13　D. Q235

38. 60、65Mn、60Si2Mn、50CrV 等钢常用的热处理工艺是________。

A. 淬火+低温回火　B. 淬火+中温回火

C. 淬火+高温回火

39. GCr15 钢，按碳的平均质量分数分类，属于________；约含 Cr ________；按质量分类，是________。

A. 低碳钢　　B. 中碳钢　　C. 高碳钢　　D. 15%　　E. 1.5%

F. 0.15%　　G. 普通质量钢　　H. 优质钢　　I. 高级优质钢

40. GCr15钢制滚珠，该钢属于________，其预备热处理是________，其最终热处理是________，其最终组织以________为主。

A. 低碳钢　　B. 中碳钢　　C. 高碳钢　　D. 正火

E. 完全退火　　F. 球化退火　　G. 再结晶退火　　H. 调质

I. 淬火+高温回火　　J. 淬火+低温回火　　K. 都不对　　L. $M_{回}$

M. $T_{回}$　　N. $S_{回}$　　O. 氮化物

41. 为普通自行车零件选材，大梁用________，前轴用________，座位弹簧用________，链条用________，链条罩用________。

A. 08F　　B. 20钢　　C. 45钢　　D. 65钢　　E. Q235

42. 以下钢号中，________是渗碳钢，________是调质钢，________是刃具钢。

A. 20钢、20Cr、20CrMnTi　　B. 45钢、40Cr、40CrNiMo

C. T9钢、9SiCr、W18Cr4V

43. 常用渗碳钢是________，常用调质钢是________，常用弹簧钢是________。

A. 65钢、65Mn、60Si2Mn、50CrVA

B. 20钢、20Cr、20CrMnTi、18Cr2Ni4WA

C. 45钢、40Cr、40CrNi、40CrNiMoA

44. 适合制造渗碳零件的有________。

A. Q345、15、20Cr、12Cr13、12Cr 2Ni4A

B. 45、40Cr、65Mn、T12

C. 15、20Cr、18Cr2Ni4WA、20CrMnTi

45. ZG200-400钢中，200代表________，400代表________。

A. 最小抗拉强度　　B. 最小屈服强度　　C. HBW

46. 65钢属于________。

A. 高碳钢　　B. 中碳钢　　C. 低碳钢

47. T10钢中碳的平均质量分数为________。

A. 0.1%　　B. 1.0%　　C. 10%

48. 9SiCr中碳的平均质量分数约为________。

A. 0.9%　　B. 0.09%　　C. 9%　　D. 0.009%

49. W18Cr4V钢中碳的平均质量分数为________。

A. 0.7%　　B. 0.8%　　C. 0.7%～0.8%

50. GCr15 钢中铬的平均质量分数为________。

A. 0.15%　　B. 1.5%　　C. 15%

51. 木工工具采用________制造，手锯条采用________制造，锉刀采用________制造。

A. T8 钢　　B. T10 钢　　C. T12 钢

52. 为改善可加工性，20 钢、45 钢采用________处理，T8 钢、T10 钢、9SiCr 采用________处理。

A. 完全退火　　B. 球化退火　　C. 正火

53. T10 钢制造形状简单的车刀，该钢属于________，其预备热处理是________，其最终热处理是________，其最终组织是________。

A. 低碳钢　　B. 中碳钢　　C. 高碳钢　　D. 正火

E. 完全退火　　F. 球化退火　　G. 再结晶退火　　H. 调质

I. 淬火+高温回火　　J. 淬火+低温回火　　K. 都不对　　L. $M_{回}$

M. $T_{回}$　　N. $S_{回}$

54. 为消除碳素工具钢中的网状渗碳体进行正火，其加热温度是________。

A. Ac_{cm}+（30～50℃）　　B. Ar_{cm}+（30～50℃）

C. Ac_1+（30～50℃）　　D. Ac_3+（30～50℃）

55. T12 钢、9SiCr、CrWMn、W18Cr4V 钢的预备热处理是________。

A. 完全退火　　B. 球化退火　　C. 正火

56. 经球化退火后，T8 钢得到________组织，T10 钢得到________组织，9SiCr 钢得到________组织，W18Cr4V 钢得到________组织。

A. P　　B. P+Fe_3C　　C. P+K　　D. S+K

57. W18Cr4V 钢中 Cr 的主要作用是________，W 的主要作用是________，V 的主要作用是________。

A. 提高淬透性　　B. 提高淬硬性　　C. 提高热硬性　　D. 细化晶粒

58. 二次硬化属于________，使组织细化并均匀分布。

A. 固溶强化　　B. 细晶强化　　C. 位错强化　　D. 第二相强化

59. W18Cr4V 钢淬火后回火温度一般为________，得到组织是________。

A. 180℃　　B. 360℃　　C. 560℃　　D. $M_{回}$

E. $M_{回}$+Fe_3C　　F. $M_{回}$+K+A_R

60. 采用 W18Cr4V 高速钢制造铣刀，该钢属于________，其预备热处理是________，得到的组织是________，其最终热处理是________，其最终组织以________为主 。

A. 低碳钢　B. 中碳钢　C. 高碳钢　D. 正火

E. 完全退火　F. 球化退火　G. 再结晶退火　H. $P+C_m$

I. P+K　J. S+K　K. 都不对　L. 调质

M. 淬火+高温回火　N. 淬火+低温回火

O. $M_{回}$　P. $T_{回}$　Q. $S_{回}$

61. 高速钢属于________钢。

A. 珠光体　B. 奥氏体　C. 马氏体　D. 莱氏体

62. 高速钢铸态组织中粗大的鱼骨状碳化物可通过________使之细化并均匀分布。

A. 锻造　B. 完全退火　C. 球化退火

63. 用________热处理方法能使 CrWMn 钢获得 $M_{回}+K+A_R$。

A. 球化退火　B. 淬火　C. 淬火+低温回火

64. 用________热处理方法能使 W18Cr4V 钢获得 S+K。

A. 正火　B. 退火　C. 淬火

65. 5CrMnMo 钢中碳的平均质量分数为________。

A. 0. 5%　B. 0. 05%　C. 5%

66. Cr12 钢的碳的平均质量分数为________，Cr12MoV 钢的碳的平均质量分数为________，Cr4W2MoV 钢的碳的平均质量分数为________。

A. 1. 00%～1. 25%　B. 1. 45%～1. 70%

C. 2. 00%～2. 30%

67. 中小型热锻模用________，大型热锻模用________，热挤压模用________，压铸模用________。

A. 3Cr2W8V　B. 4Cr5MoSiV　C. 5CrMnMo　D. 5CrNiMo

68. 属热作模具钢的有________。

A. 9CrWMn、9Mn2V、Cr12　B. 9SiCr、Cr12MoV、3Cr2W8V

C. 5CrNiMo、5CrMnMo、3Cr2W8V

69. 属冷作模具钢的有________。

A. 9SiCr、Cr12MoV、W6Mo5Cr4V2　B. CrWMn、9Mn2V、40Cr

C. 5CrNiMo、5CrMnMo、3Cr2W8V

70. 下列冷作模具钢中韧性最好的钢是________。

A. Cr12　　B. Cr12MoV　　C. Cr4W2MoV

71. 制造弹簧应选用________。

A. Cr12 钢经淬火和低温回火　　B. T12 钢经淬火和低温回火

C. 65 钢淬火后中温回火

72. 压铸模通常采用________钢制造。

A. CrWMn　　B. 3Cr2W8V　　C. Cr12MoV　　D. T10

73. 制造手用锯条应选用________。

A. Cr12 钢经淬火和低温回火　　B. 65 钢淬火后中温回火

C. T12 钢经淬火和低温回火

74. 65Mn、60Si2Mn、50CrV 等属于________。

A. 工具钢　　B. 轴承钢　　C. 弹簧钢

75. 板牙常采用________。

A. 5CrMnMo　　B. 3Cr2W8V　　C. 9SiCr

76. 制造高速切削刀具的钢是________。

A. T12、3Cr2W8V　　B. Cr12MoV、9SiCr

C. W18Cr4V、W6Mo5Cr4V2

77. 制造钻头应选用________。

A. Cr12 钢经淬火和低温回火　　B. 65 钢淬火后中温回火

C. T12 钢经淬火和低温回火

78. 热锻模的材料应选用________。

A. Cr12MoV　　B. 5CrMnMo　　C. W18Cr4V　　D. LY12

79. GB/T 221—2008《钢铁产品牌号表示方法》用两位或三位阿拉伯数字表示碳含量最佳控制值。(1) 对超低碳不锈钢（碳的质量分数≤0.030%），用三位阿拉伯数字表示碳含量最佳控制值，以其上限的 3/4 表示碳含量，例：碳的质量分数上限为 0.020%，碳含量以 015 表示。(2) 当碳的质量分数上限≤0.1%时，以其上限的 3/4 表示碳含量，例：碳的质量分数上限为 0.08%，碳含量以 06 表示。(3) 当碳的质量分数上限>0.1%时，以其上限的 4/5 表示碳含量，例：碳的质量分数上限为 0.15%，碳含量以 12 表示。(4) 规定碳的质量分数上、下限者，碳的质量分数>0.25%时，用平均碳的质量分数×100 表示，例：碳的质量分数为 0.16%~0.25%时，碳含量以 20 表示；碳的质量分数为 0.95%~1.10%时，碳含量以 102 表示。022Cr19Ni10 不锈钢的碳的质量分数上限值为________。

A. 0.022%　　B. 0.22%　　C. 0.03%

80. 06Cr19Ni10 不锈钢的碳的质量分数上限值为________。

A. 0.06%　　B. 0.6%　　C. 0.08%

81. 10Cr17 不锈钢的碳的质量分数上限值为________。

A. 0.125%　　B. 0.1%　　C. 0.01%

82. 12Cr13 不锈钢的碳的质量分数上限值为________。

A. 0.12%　　B. 0.15%　　C. 1.2%

83. 20Cr13 不锈钢的碳的质量分数上限值为________。

A. 0.2%　　B. 0.25%　　C. 0.15%

84. 30Cr13 不锈钢的碳的质量分数为________。

A. 0.03%　　B. 0.3%　　C. 0.375%

85. 40Cr13 不锈钢的碳的质量分数为________。

A. 0.04%　　B. 0.4%　　C. 0.05%

86. 95Cr18 不锈钢的碳的质量分数为________。

A. 0.95%　　B. 0.095%　　C. 1.0%

87. 102 Cr17Mo 不锈钢的碳的质量分数为________。

A. 1.02%　　B. 0.102%　　C. 0.01%

88. ________钢是铁素体型不锈钢。

A. 12Cr13　　B. 10Cr17　　C. 06Cr19Ni10

89. ________钢是马氏体型不锈钢。

A. 06Cr19Ni10　　B. 10Cr17　　C. 12Cr13

90. 12Cr18Ni9 奥氏体型不锈钢，进行固溶处理的目的是________。

A. 获得单一的马氏体组织，提高硬度和耐磨性

B. 提高耐蚀性，防止晶间腐蚀

C. 降低硬度，便于切削加工

91. 12Cr18Ni9 钢经 1100~1150℃水淬（固溶处理）得到________组织。

A. A　　B. P　　C. M

92. 10Cr17 钢经 750~800℃空冷得到________组织。

A. P+F　　B. S+F　　C. P+K　　D. F

93. 奥氏体不锈钢（如 12Cr18Ni9）的强化方式是________。

A. 热处理强化　　B. 加工硬化

94. 制造医疗手术工具的钢是________。

A. GCr15、40Cr、Cr12　　B. 10Cr17、20Cr13

C. 20Cr13、12Cr13、Cr12MoV　　D. 30Cr13、40Cr13、95Cr18

95. ________不锈钢，可制作手术刀片；________不锈钢，可制作食品工厂设备；________不锈钢，可制作耐酸容器；________不锈钢，可制作医疗夹持器械。

A. 40Cr13　　B. 95Cr18　　C. 10Cr17　　D. 12Cr18Ni9

96. 为了提高钢的热强性，宜采用粗晶金属，以________晶界。

A. 增加　　B. 减少

97. 提高钢的低温性能的措施有________。

A. 低碳　　B. 加 Mn、Ni　　C. 控制 P、Si 等　D. 面心立方结构

98. ZGMn13-3 钢经固溶处理（1060~1100℃加热，水冷）得________组织。

A. A　　B. M　　C. P

99. 坦克履带板应采用________制造。

A. ZGMn13　　B. 40Cr　　C. 20Cr　　D. W18Cr4V

100. 机床主轴采用________，汽车拖拉机变速齿轮采用________，板弹簧采用________，滚动轴承采用________，储酸槽采用________，坦克履带采用________。

A. 12Cr18Ni9　　B. GCr15　　C. 40Cr　　D. 20CrMnTi

E. 60Si2Mn　　F. ZGMn13-3

101. 高精度丝锥采用________，热锻模采用________，医用手术刀片采用________，麻花钻头采用________。

A. CrWMn　　B. 95Cr18　　C. W18Cr4V　　D. 5CrNiMo

102. 灰铸铁的石墨呈________状，球墨铸铁的石墨呈________状，可锻铸铁的石墨呈________状，蠕墨铸铁的石墨呈________状。

A. 球　　B. 团絮　　C. 蠕虫　　D. 片

103. 铸铁石墨化的第一、第二、第三阶段完全进行，其显微组织为________。

A. F+P+G　　B. F+G　　C. P+G

104. 铸铁石墨化的第一二阶段完全进行、第三阶段未进行，其显微组织为________。

A. F+P+G　　B. F+G　　C. P+G

105. 铸铁石墨化的第一二阶段完全进行、第三阶段部分进行，其显微组织

为________。

A. F+P+G　　B. F+G　　C. P+G

106. 铸铁石墨化的第一、第二、第三阶段都未进行，其显微组织为________。

A. F+P+G　　B. F+G　　C. P+G　　D. Ld

107. 硅是影响铸铁石墨化最重要的元素之一，它的存在使石墨化________。

A. 困难　　B. 容易　　C. 有难度

108. 铸铁材料中，价格便宜、应用最广泛的是________。

A. 灰铸铁　　B. 球墨铸铁　　C. 可锻铸铁

109. 球墨铸铁、灰铸铁、钢比较，减振性能最好的是________。

A. 球墨铸铁　　B. 灰铸铁　　C. 钢

110. 以下各材料中流动性最差的是________。

A. QT400-18　　B. ZL104　　C. HT100　　D. ZG200-400

111. 碳的平均质量分数为 4.3%的铁碳合金具有________。

A. 良好的锻造性　　B. 良好的综合力学性能

C. 良好的铸造性　　D. 良好的焊接性

112. HT100 中“100”表示其最低________。

A. R_{eL}　　B. R_m　　C. HBW

113. HT150 牌号中数字“150”表示________。

A. 最低抗拉强度　　B. 最低屈服强度　　C. 最小断后伸长率

114. QT600-3 中“600”表示其最低________，3 表示其最低________。

A. R_{eL}　　B. R_m　　C. A　　D. Z

115. 球墨铸铁退火得到________，正火得到________。

A. P 基体　　B. F 基体　　C. P+F 基体

116. 大功率内燃机曲轴选用________，中吨位汽车曲轴选用________，C6140 车床主轴选用________，精密镗床主轴选用________。

A. 45 钢　　B. 球墨铸铁　　C. 38CrMoAlA　　D. 42CrMoA

117. 普通机床变速箱中齿轮最适宜选用________。

A. 40Cr 锻件　　B. 45 钢锻件　　C. Q235 焊接件　　D. HT150 铸件

118. 白口铸铁经________处理，Fe_3C 分解为团絮状石墨。

A. 球化退火　　B. 完全退火　　C. 石墨化退火

119. KmTBCr26 是________，RTCr2 是________，STSi15Re 是________。

A. 耐蚀铸铁　　B. 耐热铸铁　　C. 抗磨铸铁

120. 铣床床身一般用________铸成，并经过精密的切削加工和________。

A. 球墨铸铁　　B. 可锻铸铁　　C. 不锈钢　　D. 灰铸铁

E. 正火　　F. 球化退火　　G. 淬火　　H. 时效处理

121. 提高灰铸铁的耐磨性可采用________。

A. 整体淬火　　B. 渗碳处理　　C. 表面淬火　　D. 正火

122. HT200 的基体组织是________。

A. P　　B. P+G　　C. P+F

123. 制造机架和机床床身应选用________。

A. 灰铸铁　　B. 白口铸铁　　C. 麻口铸铁

124. 灰铸铁通过热处理，________改变其石墨片的存在状况。

A. 可以　　B. 不可以　　C. 部分可以

125. 某球墨铸铁等温淬火后的组织是________。

A. $B_{上}$　　B. $B_{下}$　　C. $B_{下}$+ G（球状）

二、判断题

1. 钢中常存杂质元素有 Si、Mn、S、P、N、H、O 等。（　）

2. S 易造成冷脆，P 易造成热脆，都是有害元素。（　）

3. 微量的氢即可引起氢脆。（　）

4. 合金元素溶于 A 中提高钢的淬透性，溶入 M 中提高钢的耐回火性。（　）

5. 在碳含量相同的情况下，大多数合金钢的热处理加热温度都比碳钢高，保温时间长。（　）

6. 除 Co 外，固溶于 A 中的所有合金元素都将使 C 曲线左移，降低了钢的临界冷却速度，提高了淬透性。（　）

7. 钢中用以提高淬透性为主要作用的常用元素有 Cr、Ni、Si、Mn、B 等 5 种。（　）

8. 除 Co、Al 外，固溶于 A 中的合金元素均可使 M 转变时的 *Ms*、*Mf* 下降，减少钢淬火后的 A_R 量。（　）

9. 钢淬火后高温回火会产生脆性。（　）

10. 钢淬火后低温回火会产生低温回火脆性。（　）

11. 合金元素 Mn、Ni、N 可以扩大奥氏体区。（　）

12. 9SiCr 钢制成的刀具刃部在 240~260℃条件下工作，硬度仍不低于 60HRC，且耐磨性良好。（　）

13. W18Cr4V 钢淬火后 560℃回火时不会产生“二次硬化”现象。（　）

14. W18Cr4V 钢的热硬性与其二次硬化特性有关。（　）

15. 20CrMnTi 钢中 Ti 的主要作用是提高淬透性。（　）

16. 60Si2Mn 钢比 T12 钢和 40 钢有更好的淬透性和淬硬性。（　）

17. 所有的合金元素均使 *Ms*、*Mf* 下降。（　）

18. T8 钢比 T12 钢和 40 钢有更好的淬透性和淬硬性。（　）

19. 40MnB 比 T8 钢有更好的淬透性。（　）

20. 调质钢的合金化主要是考虑提高其热硬性。（　）

21. T8 钢与 20MnVB 相比，淬硬性和淬透性都较低。（　）

22. Q235 钢的质量等级分四等（A、B、C、D），A 级最好，D 级最差。（　）

23. 根据钢中 Mn 的质量分数不同，优质碳素结构钢分为普通锰含量（w_{Mn} = 0.25%~0.8%，如 20、45、65）和较高锰含量钢（w_{Mn} = 0.70%~1.2%，如 15Mn、25Mn、65Mn）。（　）

24. 碳素结构钢分为普通质量碳素结构钢、优质碳素结构钢和高级优质碳素结构钢三种。（　）

25. 碳素工具钢分为普通质量碳素工具钢、优质碳素工具钢和高级优质碳素工具钢三种。（　）

26. 碳素钢中碳含量越高，其强度和塑性也越高。（　）

27. 高碳钢的质量优于中碳钢，中碳钢的质量优于低碳钢。（　）

28. 由于 T12 钢中碳含量比 T8 钢高，故前者的强度比后者高。（　）

29. 碳素工具钢都是优质或高级优质钢。（　）

30. 碳素工具钢的碳的平均质量分数一般都大于 0.7%。（　）

31. T10 钢的碳的平均质量分数是 1.0%。（　）

32. 20 钢锻件，为了便于切削加工，一般预先进行正火处理。（　）

33. 要使 45 钢工件具有良好的综合力学性能，通常应在粗加工后进行调质处理。（　）

34. 易切削钢中广泛使用了 S、P、Pb、Ca 等元素。（　）

35. 冷冲压用钢的碳含量一般为低碳或超低碳。（　）

36. 量具钢在淬火加热时进行预热，以减小变形。（　）

37. 热锻模要求热处理后模膛表面与燕尾部分的硬度相同。 （ ）

38. 锉刀不可当作撬棒或者锤子用。 （ ）

39. 高速钢需要反复锻造是因为硬度高不易成形。 （ ）

40. W18Cr4V 高速钢采用很高温度淬火，其目的是使碳化物尽可能多地溶入奥氏体中，从而提高钢的热硬性。 （ ）

41. 高速钢铸态组织中粗大的鱼骨状碳化物可通过球化退火使之细化并均匀分布。 （ ）

42. 在不锈钢中加入 Ti，主要作用是防止晶间腐蚀。 （ ）

43. 12Cr18Ni9 钢可通过冷变形强化来提高强度。 （ ）

44. 不锈钢是指在任何条件下都耐腐蚀的钢种。 （ ）

45. 在 12Cr18Ni9、Cr12、GCr15 三种钢中，GCr15 钢的 Cr 含量最低。 （ ）

46. 不锈钢中的碳含量越低，耐蚀性越好。 （ ）

47. 奥氏体不锈钢采用加工硬化可以提高强度。 （ ）

48. 奥氏体不锈钢的热处理工艺是淬火后低温回火处理。 （ ）

49. 10Cr17 钢淬火后低温回火可以得到 $M_{回}$。 （ ）

50. 10Cr17 不锈钢的热处理工艺是淬火+高温回火。 （ ）

51. 12Cr13 钢中碳的平均质量分数=1%；Cr12MoV 钢中碳的平均质量分数≥1%。 （ ）

52. 12Cr13 钢和 Cr12 钢中铬的质量分数均大于 11.7%，12Cr13 和 Cr12 均是不锈钢。 （ ）

53. $w_C=0.4\%$、$w_{Cr}=12\%$的铬钢为过共析钢，$w_C=1.5\%$、$w_{Cr}=12\%$铬钢为莱氏体钢。 （ ）

54. 700℃、1000h 的总蠕变量达到 0.2%时的蠕变极限记为 $\sigma_{0.2/1000}^{700}$。 （ ）

55. 700℃、1000h 的断裂应力记为持久强度 σ_{1000}^{700}。 （ ）

56. 低温钢的冷脆转变温度不能低。 （ ）

57. 低碳、面心立方结构有利于提高钢的耐低温性能。 （ ）

58. 石墨的强度、塑性、韧性较低，几乎为 0，硬度仅为 3HBW。 （ ）

59. 灰铸铁具有良好的铸造性能和使用性能，故它是应用最广的一种铸造合金。 （ ）

60. 机床的床身、床脚和箱体采用灰铸铁铸造，不能用钢板焊接制造。 （ ）

61. 与铸铁相比，铸钢的铸造性能较差。 （ ）

62. 铸铁不能进行热处理。 ( )

63. 普通铸铁力学性能的好坏，主要取决于基体组织的类型。 ( )

64. 铸铁可以经过热处理改变基体组织和石墨形态。 ( )

65. 可锻铸铁在高温时可以进行锻造加工。 ( )

66. 石墨化的第三阶段不易进行。 ( )

67. 可以通过球化退火使普通灰铸铁变成球墨铸铁。 ( )

68. 球墨铸铁可通过调质处理和等温淬火工艺提高其力学性能。 ( )

69. 对球墨铸铁进行热处理的主要目的是改变其石墨的形态及数量，从而改变其性能。 ( )

70. 可锻铸铁适宜制造壁厚较薄的零件。球墨铸铁不宜制造壁厚较薄的零件。 ( )

71. 可锻铸铁可以通过白口铸铁经石墨化退火后得到。 ( )

72. 利用整体热处理可显著地提高灰铸铁的力学性能。 ( )

73. 灰铸铁通过热处理可使片状石墨变成团絮状石墨或球状石墨。 ( )

74. 用灰铸铁制造的磨床床身在铸造以后就进行切削加工，在切削加工后会发生不允许的变形。 ( )

75. 工程用铸钢可用于铸造生产形状复杂而力学性能要求较高的零件。 ( )

三、问答题

1. 普通自行车的下列零件如何选材？（1）链条；（2）链条罩；（3）大梁；（4）座位弹簧；（5）前轴。

2. 凸轮的力学性能有什么要求？应选择什么材料？如何进行热处理？

3. 15CrMo、40CrNiMo、W6Mo5Cr4V2 和 1Cr17Mo2Ti 钢中，Mo 元素分别起什么主要作用？

4. 某工厂用 20 钢制成的塞规，其热处理工艺为：920℃渗碳 3h、水淬，-70℃冷处理 1h，160℃回火 3h。问：

（1）渗碳后为什么可直接淬火？渗碳淬火后塞规的表层及心部应是什么组织？

（2）冷处理的目的是什么？

（3）160℃回火 3h 起什么作用？

5. 一根直径为 6mm 的 45 钢圆棒，先经 840℃加热淬火，硬度为 55HRC（未回火），然后从一端加热，依靠热传导，使 45 钢圆棒上各点分别达到：（1）950℃，（2）840℃，（3）750℃，（4）550℃，（5）150℃。问：

（1）各点的组织是什么？

（2）整个圆棒缓冷至室温后，各点的组织是什么？为什么？

（3）整个圆棒水冷至室温后，各点的组织是什么？为什么？

6. 某一用38CrMoAlA钢制造的零件，其加工路线如下：备料→锻造→正火→粗加工→调质→精加工→去应力→粗磨→渗氮→精磨，各个热处理工序的作用是什么？分别得到什么组织？

7. 三个形状、尺寸、材质（低碳钢）完全相同的齿轮，分别进行了普通整体淬火、渗碳淬火和高频感应淬火，如何快速区分？

8. 某柴油机凸轮轴，要求表面有高硬度（>50HRC），心部有良好韧性（a_k>40J/cm²）。原采用碳的平均质量分数为0.45%的钢，经调质后，再在凸轮表面进行高频淬火、低温回火。现拟改用碳的平均质量分数为0.20%的钢代替碳的平均质量分数为0.45%的钢，问：

（1）原碳的平均质量分数为0.45%的钢各个热处理工序的作用是什么？

（2）改用碳的平均质量分数为0.20%的钢后，其热处理工序是否应进行修改？应采用何种热处理工艺最合适？

9. 一把厚 5mm 的锉刀，材料为 T12 钢，经球化退火、再 780℃ 淬火 + 160℃ 回火后，硬度为 65HRC。现用火焰将锉刀一端加热，并依靠热传导，使锉刀上各点分别达到：(1) 950℃，(2) 780℃，(3) 600℃，(4) 200℃，保温 15min 后，立即整体淬入水中。问：锉刀冷却到室温后，各点的组织是什么？

10. T8、9SiCr、W18Cr4V 钢各属于常用刃具钢的哪一类？经球化退火后分别得到什么组织？为保证其使用性能应分别采用什么最终热处理工艺？最终分别得到什么组织？

第八章　有色金属材料

一、选择题

1. 纯铝牌号 1A90 中的 90 表示________。

A. 90%　　B. 最低铝质量分数为 99.90%　　C. 顺序号

2. 将淬火后铝合金在室温或低温加热情况下保温一段时间，随时间延长，其强度、硬度显著升高而塑性降低的现象，称为________。

A. 冷处理　　B. 固溶处理　　C. 加工硬化　　D. 时效

3. 可热处理强化的变形铝合金，淬火后在室温放置一段时间，其力学性能会发生的变化是________。

A. 强度和硬度显著下降，塑性提高

B. 强度和硬度明显提高，塑性下降

C. 强度、硬度和塑性都有明显提高

4. 把经淬火时效的铝合金，迅速加热到 200～300℃或略高一些的温度，保温 2～3min 后，在清水中冷却，使其恢复到淬火状态，这种工艺叫做________。

A. 低温回火　　B. 再结晶退火　　C. 回归处理　　D. 稳定化处理

5. 淬火后铝合金时效的作用是________。

A. 去应力　　B. 稳定尺寸　　C. 强化

6. 发动机活塞往往用 Al-Si 合金铸造，其成分是________成分。

A. 匀晶　　B. 共晶　　C. 共析

7. 下列铸造合金中密度最大的是________。

A. 灰铸铁　　B. 铸钢　　C. 球墨铸铁　　D. 铸铝

8. 用 2A11 板料制造零件，可以采用________改善零件强度。

A. 淬火+低温回火　　B. 淬火+自然时效

C. 冷变形强化　　D. 变质处理

9. 下述几种变形铝合金系中属于超硬铝合金的是________。

A. Al-Mn 和 Al-Mg　　B. Al-Cu-Mg

C. Al-Cu-Mg-Zn　　D. Al-Mg-Si-Cu

10. 下述几种变形铝合金系中属于锻造铝合金的是________。

A. Al-Mn 和 Al-Mg　　B. Al-Cu-Mg

C. Al-Cu-Mg-Zn　　D. Al-Mg-Si-Cu

11. 铝合金型材的成形方式是________。

A. 注射成形　　B. 模压成形　　C. 压铸成形　　D. 挤出成形

12. T10A 钢高精度丝杠 150℃时效处理的目的是________，形状复杂的大型铸铁件 500~600℃时效处理的目的是________，铝合金淬火后 140℃时效处理的目的是________。

A. 强化　　B. 去应力　　C. 稳定尺寸

13. 单相黄铜中 Zn 的质量分数为________，双相黄铜中 Zn 的质量分数为________。

A. <19%　　B. <39%　　C. 39%~45%　　D. >45%

14. 与 H70 比，HPb59-1 具有________。

A. 较高的强度　　B. 较低的塑性

C. 较好的切削加工性　　D. 较好的耐蚀性

15. 冷加工后的黄铜在海水中易产生应力腐蚀开裂，应在冷加工后进行________。

A. 去应力退火　　B. 再结晶退火　　C. 完全退火

16. HMn58-2 是特殊黄铜的代号，它表示 Cu 的质量分数为 58%，而质量分数为 2% 的是________。

A. Mn　　B. Sn　　C. Zn

17. HPb59-1 是特殊黄铜的代号，它表示 Cu 的质量分数为 59%，而质量分数为 1% 的是________。

A. Mn　　B. Sn　　C. Pb

18. H62 是普通黄铜的代号，它表示 Cu 的质量分数为________。

A. 62%　　B. 38%　　C. 6. 2%

19. 黄铜 H90 和 H70 的组织都是单相固溶体，下面说法正确的是________。

A. H70 的强度、硬度小于 H90，这种现象称为冷变形强化

B. H70 的强度、硬度大于 H90，这种现象称为冷变形强化

C. H70 的强度、硬度小于 H90，这种现象称为固溶强化

D. H70 的强度、硬度大于 H90，这种现象称为固溶强化

20. 简单白铜是________，简单黄铜是________，锡青铜是________。

A. 铜锌二元合金　　B. 铜锡二元合金

C. 铜镍二元合金

21. 纯 Ti 具有同素异构转变，882.5℃以下为________相，具有________结构；882.5℃以上为________相，具有________结构。

A. 体心立方　B. 面心立方　C. 密排六方　D. α　E. β

22. 巴氏合金适宜采用离心浇注法生产，镶铸在________钢上。

A. 08F　B. 20　C. 45　D. GCr15

23. 具有优良的减摩性、耐蚀性、导热性且韧性最好的轴承合金是________。

A. 铝基轴承合金　　B. 铜基轴承合金

C. 铅基轴承合金　　D. 锡基轴承合金

24. ZChSnSb11-6 是锡基轴承合金，属于软基体加硬质点型的合金，其软基体是________，其硬质点是________。

A. Sb 溶于 Sn 形成的固溶体 α 相　　B. 化合物 SnSb 为基的固溶体 β 相

C. 化合物 Cu_6Sn_5

25. 滑动轴承中轴瓦用________，滑动轴承中内衬用________，滚动轴承中套圈用________，滚动轴承中滚动体用________，滚动轴承中保持架用________。

A. 滚动轴承钢　B. 碳钢　　C. 轴承合金

二、判断题

1. 1A85 表示工业纯铝的 Al 的质量分数为 99.85%。（　）

2. 铝合金淬火（固溶处理）后强度、硬度不高，塑性也不好。（　）

3. 铝合金淬火后时效，强度、硬度显著升高，塑性也提高。（　）

4. 自然时效后的铝合金，在 230~250℃短时间加热后，快速水冷至室温，会重新变软。（　）

5. 人工时效后的铝合金会产生回归现象。（　）

6. 铝合金人工时效比自然时效所获得的硬度高，效率也高，因此多数情况下采用人工时效。（　）

7. 将铝在 160℃下进行塑性变形时，金属内既有冷变形强化的过程，又有再结晶过程。（　）

8. 防锈铝合金可以通过淬火+时效的热处理工艺来强化。（　）

9. 铝合金牌号 2A12 中的 2 表示该铝合金以 Cu 为主要合金元素。（　）

10. ZL102 为 Al-Si 系铸造铝合金，俗称为简单硅铝明。（ ）

11. 铸造铝合金中常有许多的共晶组织，熔点较低，故流动性好，可以浇铸成各种形状复杂的铸件。（ ）

12. 再结晶退火可以用于铸造铝合金，以消除加工硬化。（ ）

13. 纯铝通过冷变形强化可提高其强度，但塑性有所下降。（ ）

14. 单相黄铜（w_{Zn}<39%）适宜热塑性加工。（ ）

15. 双相黄铜（w_{Zn}为 39%~45%）适宜冷塑性加工。（ ）

16. 一般而言，双相黄铜的塑性优于单相黄铜。（ ）

17. 冷加工后的黄铜应去应力退火，以防止在海水、湿气、氨的环境中产生应力腐蚀开裂。（ ）

18. T4、T7 都是纯铜，w_{Cu}分别为 96%和 93%，广泛用于制造电线、电缆等。（ ）

19. Cu-Zn 组成的二元铜合金称为普通黄铜。（ ）

20. H90 为普通黄铜，含 90%Cu，余为 Sn。（ ）

21. HAl59-3 为特殊黄铜，含 $w_{Cu}=59\%$、$w_{Al}=3\%$，余为 Zn。（ ）

22. 特殊黄铜 HPb59-1，铜的质量分数为 59%。（ ）

23. 铜质水龙头不宜含 Pb。（ ）

24. 铅黄铜中的铅能改善可加工性。（ ）

25. ZQSn10-1 为铸造青铜，Sn 的质量分数为 10%。（ ）

26. Sn 青铜铸造流动性差，但体积收缩率小，适于铸造外形及尺寸要求精确的铸铜件。（ ）

27. Be 青铜不适宜制防爆工具。（ ）

28. Sn 基和 Pb 基轴承合金又称为巴氏合金，特点是软基体上分布硬质点。（ ）

29. H59 是双相黄铜，其强度高于单相黄铜，且适宜于各种冷热加工。（ ）

30. Ti 有同素异构转变。（ ）

31. 滚齿刀表面往往镀 TiN，提高耐磨性。（ ）

32. GCr15 钢适宜制造滑动轴承中轴瓦及其内衬。（ ）

33. 轴承合金用于制造滚动轴承中的滚动体。（ ）

34. 工业上把锡基和铅基轴承合金称为巴氏合金。（ ）

35. 滑动轴承合金的组织都是在软基体上分布着硬质点。（ ）

三、问答题

1. 铝合金的热处理强化有什么特点？与钢的淬火强化有何不同？

2. 活塞用铸造铝合金成分有什么特点？为什么？

3. 举例说明如何利用铝合金的回归现象？

4. H59、H68 的性能有什么不同？

5. 轴承合金能不能用于制造滚动轴承？为什么？

第九章　高分子材料

一、选择题

1. 高分子材料中结合键的主要形式是________。

A. 分子键与离子键　　　　　B. 分子键与金属键

C. 分子键与共价键　　　　　D. 离子键与共价键

2. 下列特性中属于高聚物粘弹性的是________。

A. 应变滞后于应力的特性　　　　B. 应力滞后于应变的特性

C. 高温时才能发生弹性变形的特性

3. 高聚物受力变形后所产生的应力随时间逐渐衰减的现象叫________。

A. 蠕变　　　B. 柔顺性　　　C. 应力松弛　　　D. 内耗

4. 垂直吊挂重物的橡皮筋长度会随时间延长而逐渐伸长，原因是________。

A. 蠕变　　　B. 应力松弛　　　C. 滞后

5. 连接管道的法兰盘密封圈长时间工作后会发生泄漏，原因是________。

A. 蠕变　　　B. 应力松弛　　　C. 滞后

6. 热固性塑料与热塑性塑料相比，耐热性________。

A. 较低　　　B. 较高　　　C. 相同　　　D. 不能比较

7. 塑料型材适合________，塑料椅子适合________，塑料瓶适宜________，超市塑料蔬菜包装袋适宜________。

A. 注射成型　　B. 挤出成型　　C. 吹塑成型

8. 从力学性能比较，聚合物的________比金属材料的好。

A. 刚度　　　B. 强度　　　C. 冲击韧性　　　D. 比强度

9. 聚氯乙烯是一种________。

A. 热固性塑料，可制作化工用排污管道

B. 热塑性塑料，可制作导线外皮等绝缘材料

C. 合成橡胶，可制作轮胎

D. 热固性塑料，可制作雨衣、台布等

10. 高压聚乙烯可用于制作________。

A. 齿轮　　B. 轴承　　C. 板材

11. 下列塑料中质量最轻的是________。

A. 聚乙烯　　B. 聚丙烯　　C. 聚氯乙烯　　D. 聚苯乙烯

12. PE 是________，PVC 是________。

A. 聚乙烯　　B. 聚丙烯　　C. 聚氯乙烯　　D. 聚苯乙烯

13. ABS 塑料是________，ETFE 塑料是________。

A. 聚乙烯　　B. 聚氯乙烯　　C. 共聚丙烯腈-丁二烯-苯乙烯

D. 乙烯-四氟乙烯共聚合物

14. 国家游泳中心水立方表面气泡使用的材料是________。

A. PP　　B. ABS　　C. ETFE

15. 汽车仪表盘用________制造。

A. 玻璃钢　　B. 有机玻璃　　C. 无机玻璃　　D. 橡胶

16. 有机玻璃与无机玻璃相比，透光度________。

A. 较低　　B. 较高　　C. 相同　　D. 难以比较

17. 候车棚顶可采用________制成。

A. 玻璃钢　　B. 有机玻璃　　C. 普通玻璃　　D. 钢化玻璃

18. 橡胶是优良的减振材料和摩阻材料，因为它具有突出的________。

A. 高弹性　　B. 粘弹性　　C. 塑性　　D. 减摩性

19. 橡胶的弹性极高，其弹性变形量可达________。

A. 30%　　B. 50%　　C. 100%　　D. 100%～1000%

20. 锦纶是一种合成纤维，其性能特点是________。

A. 强度高、弹性好，但耐磨性差　　B. 强度高、耐磨性好，但耐蚀性差

C. 强度高、耐磨性好，耐蚀性好　　D. 耐磨性好，耐蚀性好，但强度低

二、判断题

1. 高分子材料按其结构可分为塑料、橡胶、纤维、涂料、粘结剂等。（　）

2. 线型聚合物热弹性、热塑性高，可反复使用。（　）

3. 体型聚合物耐热性、难溶性、强度、热固性较好，但弹性、塑性低，易老化，也可反复使用。（　）

4. 柔顺性是聚合物材料许多性能不同于其他固体材料的根本原因。（　）

5. 液晶态是介于晶态和液态之间的热力学稳定相，其物理状态为液态，但具有晶体的有序性。 (   )

6. 粘弹性是指高聚物既具有弹性材料的一般特性，又具有粘性流体的一些特性，在受力时既发生高弹性变形，又发生粘性流动。 (   )

7. 高聚物内原子间以共价键相连，没有自由电子和离子，其电绝缘性高、导热性能低。 (   )

8. 垂直吊挂重物的橡皮筋长度会随时间延长而伸长，原因是蠕变。 (   )

9. 连接管道的法兰盘密封圈长时间工作后会发生泄漏，原因是应力松弛。 (   )

10. 连接管道的法兰盘密封圈长时间工作后因蠕变会发生泄漏。 (   )

11. 高分子化合物在交变应力作用下，变形速度跟不上外力变化的现象称为滞后。 (   )

12. 高分子化合物形变过程中克服内摩擦时，一部分机械能被损耗，转化为热能，即产生内耗。 (   )

13. 高分子化合物硬度低，耐磨性也低。 (   )

14. 受热时软化或熔融，冷却后硬化，并可反复多次的塑料称为热固性塑料。 (   )

15. 在加热、加压并经过一定时间后即固化为不溶、不熔的坚硬制品，且不可再生的塑料称为热塑性塑料。 (   )

16. 模压成型主要用于热固性塑料。 (   )

17. 低密度聚乙烯的性能优于高密度聚乙烯。 (   )

18. 聚氯乙烯可以用于制作生活用自来水管。 (   )

19. PS 快餐盒可放入微波炉中加热。 (   )

20. 聚四氟乙烯的摩擦系数极低，在无润滑少润滑的工作条件下是极好的减摩材料。 (   )

21. 完全固化后的聚乙烯塑料和酚醛塑料磨碎后都可再用。 (   )

22. 聚甲基丙烯酸甲酯又称为有机玻璃。 (   )

23. 硫化可以使橡胶得到高弹性。 (   )

24. 聚酰胺又称为尼龙或锦纶。 (   )

25. 市场销售的 501 胶和 502 胶属于 α-氰基丙烯酸酯粘结剂。 (   )

三、问答题

1. 高分子化合物的力学性能与金属材料比较，有什么不同？

2. 高聚物老化的原因是什么？如何防止老化？

3. 废旧高分子材料回收再生有什么意义？有哪些途径？

第十章 陶瓷材料

一、选择题

1. 陶瓷材料的主要组成相是________。

A. 晶相　　　B. 玻璃相　　　C. 气相

2. WC 和 Co 组成的硬质合金如 YG3、YG6 等，属________硬质合金。

A. 钨钴类　　　B. 钨钴钛类　　　C. 钨钴钛钽类

3. WC、TiC 和 Co 组成的硬质合金如 YT15、YT30 等，属________硬质合金。

A. 钨钴类　　　B. 钨钴钛类　　　C. 钨钴钛钽类

4. WC、TiC、TaC（或 NbC）和 Co 组成的硬质合金如 YW1、YW2 等，属________硬质合金。

A. 钨钴类　　　B. 钨钴钛类　　　C. 钨钴钛钽类

5. YG8 中的数字 8 表示________含量，YT5 中的数字 5 表示________含量。

A. WC　　　B. Co　　　C. TiC　　　D. TaC

E. 顺序号

6. FZ1360 是一种粉末冶金滑动轴承，其平均含油密度为________ g/cm^3。

A. 0.6　　　B. 6　　　C. 60

7. FTG60-20 是一种粉末冶金结构材料，其平均碳的质量分数为________，平均抗拉强度为________。

A. 0.6%　　　B. 6.0%　　　C. 60%　　　D. 20MPa

E. 200MPa

8. 制造麻花钻可用________。

A. YG6　　　B. YT15　　　C. YW2　　　D. GT35

9. 加工铸铁等脆性材料时，应选用________类硬质合金；加工韧性材料（如钢）时，应选用________类硬质合金。

A. 钨钴　　　B. 钨钴钛　　　C. 钨钴钛钽　　　D. 万能

10. GT35 含________ 35%，GW50 含________ 50%，ST60 含________ 60%（质量

分数)。

A. WC　　B. TiC　　C. TaC

二、判断题

1. 陶瓷材料的物理、化学性能主要决定于玻璃相。 ( )

2. 陶瓷中玻璃相可以提高强度。 ( )

3. 陶瓷中气孔会降低其强度。 ( )

4. 陶瓷硬度极高，强度很低。 ( )

5. 陶瓷材料的性能主要取决于组成它的晶相。 ( )

6. 陶瓷材料中晶相、固溶体相和气相共存。 ( )

7. 陶瓷材料的抗拉强度较低，而抗压强度较高。 ( )

8. 立方氮化硼硬度与金刚石接近，是金刚石很好的代用品。 ( )

9. 金属陶瓷是以金属氧化物或金属碳化物为主要成分，加入适量金属粉末，通过粉末冶金方法制成的具有某些金属性质的陶瓷。 ( )

10. 硬质合金不是金属陶瓷。 ( )

11. 硬质合金能切削高速钢刀具无法切削的难切削材料。 ( )

12. 硬质合金抗弯强度高，硬度高、脆性大。 ( )

13. 碳化物陶瓷不仅可用做2000℃以上的中性或还原气氛中的高温材料，同时可用做氧化物气氛下的耐高温材料。 ( )

14. 硼化物陶瓷比碳化物陶瓷的抗高温氧化能力强，可用于制造高温轴承等高温零件和器件。 ( )

15. 高压型立方氮化硼（BN）的硬度与金刚石相近，是金刚石很好的代用品。 ( )

16. 氮化硅陶瓷是优良的耐磨减摩材料、高温结构材料和耐腐蚀材料，但其抗氧化温度低于碳化物和硼化物。 ( )

17. YG类硬质合金刀具适宜加工塑性材料。 ( )

18. 粉末冶金滑动轴承FZ1360牌号中60指含油密度5.7~6.2$g\cdot cm^{-3}$。 ( )

19. 粉末冶金结构材料FTG60-20中60表示碳的质量分数为0.4%~0.7%，R_m为200MPa。 ( )

20. 粉末冶金摩擦材料FM101S中S表示湿式。 ( )

21. 硬质合金是以难熔的金属碳化物（WC、TiC、TaC等）为基体，加入适量金属

或合金粉末（如 Co、Ni、高速钢等）作为粘结相，具有金属特性的粉末冶金材料。 (　　)

22. 在砂轮上磨制各种钢制刀具时，需经常用水冷却，而磨硬质合金制成的工具时，不用水冷却。 (　　)

23. 纯氧化物陶瓷在高温下会氧化。 (　　)

24. 增韧氧化锆陶瓷可制作剪刀，既不生锈、也不导电。 (　　)

25. YG6 属钨钴类硬质合金。 (　　)

26. YG6 由 WC、Co 组成，w_{WC}为 6%。 (　　)

27. YT15 由 WC、TiC 和 Co 组成，含 w_{Co}约为 15%，适宜切削韧性材料。 (　　)

28. YT15 为钨钴钛类硬质合金。 (　　)

29. YW1 为钨钴钛钽类硬质合金。 (　　)

30. 万能硬质合金 YW2 由 WC、TiC、TaC 和 Co 组成。 (　　)

31. 钢结硬质合金 GT35 以 WC、TiC 为硬质相、以合金钢粉末为粘结相，w_{TiC}为 35%。 (　　)

32. 钢结硬质合金是以 Cr_3C_2 为基体（或加入少量 WC），以 Ni 或 Ni 基合金为粘结相形成的，可用于制造麻花钻。 (　　)

33. 钢结硬质合金因为塑性较差不能进行锻造。 (　　)

34. 钢结硬质合金可以用于制作麻花钻、铣刀等形状复杂的刀具。 (　　)

35. 碳化铬硬质合金具有极高的抗高温氧化性，可用于制作燃油喷嘴。 (　　)

三、问答题

1. 陶瓷材料的显微组织结构包括哪三相？它们对陶瓷的性能有何影响？

2. 硬质合金有哪些种类？其性能特点有什么不同？

3. 作为刀具材料，T10A、W6Mo5Cr4V2、YG8 相比较，其组织和主要性能特点有什么不同？

第十一章　复合材料

一、选择题

1. 复合材料的性能除保留组成材料各自相的最佳特性外，具有比其他材料都高的________。

A. 比强度和弹性模量　B. 比强度和比模量　C. 比模量和密度

2. 复合材料由两个基本组成相，一是________，起粘接和固定作用，二是________，起承受载荷作用。

A. 增强相　　B. 基体相

3. C/Al 复合材料中，C 为________，Al 为________。

A. 基体相　　B. 增强相　　C. 连续相　　D. 分散相

4. 关于热固性玻璃钢，下列说法正确的是________。

A. 其强度一般低于热塑性玻璃钢

B. 其韧性一般优于热塑性玻璃钢

C. 其玻璃纤维的体积分数一般高于热塑性玻璃钢

5. 对于颗粒增强复合材料，可以采用混合定律计算的力学性能指标是________。

A. 强度　　B. 硬度　　C. 弹性模量

6. 碳（石墨）纤维是将有机纤维在________气氛中经高温________制成的纤维。

A. 活性　　B. 惰性　　C. 氧化　　D. 碳化

7. 晶须是直径为几个________的________，具有很高的强度。

A. 微米　　B. 毫米　　C. 单晶体　　D. 多晶体

8. 一 5mm 厚的环氧玻璃钢由层厚相同的三层环氧树脂和两层玻璃纤维组成，已知环氧树脂、玻璃纤维的密度分别为 $1.3g\cdot cm^{-3}$、$2.55g\cdot cm^{-3}$，则该玻璃钢的密度为________。

A. $1.925g\cdot cm^{-3}$　　B. $1.8g\cdot cm^{-3}$　　C. $2.05g\cdot cm^{-3}$

9. 一 5mm 厚的环氧玻璃钢由层厚相同的三层环氧树脂和两层玻璃纤维组成，已知环氧树脂、玻璃纤维的弹性模量分别为 3.15MPa、71MPa，则该玻璃钢的纵向弹性模量为________。

A. 71MPa B. 30. 29MPa C. 3. 15MPa

10. 一 5mm 厚的环氧玻璃钢由层厚相同的三层环氧树脂和两层玻璃纤维组成，已知环氧树脂、玻璃纤维的弹性模量分别为 3. 15MPa、71MPa。则该玻璃钢的横向弹性模量为________。

A. 3. 15MPa B. 3. 02MPa C. 30. 2MPa

二、判断题

1. 复合材料有两个基本组成相，一是连续相，即基体相，主要起承受载荷作用；二是分散相，即增强相，起粘结和固定作用。 ( )

2. 金属、陶瓷、聚合物可以相互组成复合材料，它们既可以作基体相，也可以作增强相。 ( )

3. 玻璃钢就是玻璃纤维增强塑料。 ( )

4. 玻璃钢是一种硬而脆的钢铁材料。 ( )

5. 玻璃钢是玻璃和钢丝组成的复合材料。 ( )

6. 玻璃钢根据树脂的性质可分为热塑性玻璃钢和热固性玻璃钢。 ( )

7. 颗粒增强复合材料中，增强颗粒是承受载荷的主体。 ( )

8. 硬质合金属于颗粒增强金属基复合材料。 ( )

9. 弥散增强复合材料承受载荷的主体是基体。 ( )

10. 碳纤维增强复合材料的优点是高温强度不下降。 ( )

11. 纤维增强复合材料中纤维承担大部分外力，基体主要提供塑性和韧性。 ( )

12. 纤维与基体之间的结合强度越高越好。 ( )

13. 纤维增强复合材料中，纤维和基体之间的结合强度低，则纤维与基体易分离。 ( )

14. 纤维增强复合材料性能与“纺织”状态有关，符合混合定律。 ( )

15. Kevlar 纤维增强塑料具有优良的抗疲劳性和减振性、抗拉强度高、延性和耐冲击性好，可用于制造飞机机身、快艇、火箭发动机外壳等。 ( )

16. 氧化铝纤维环氧树脂基复合材料和氧化铝铜基复合材料在等应变状态下承载，前者比后者所需纤维可少些。 ( )

17. 石墨纤维不但可以增强铝基或镍基合金，而且可以增强铁基合金。 ( )

18. 一般而言，复合材料具有比其他材料高得多的比强度和比模量。 ( )

19. C/C 复合材料在 1300℃以上时强度不仅没有下降反而升高。 (　　)

20. 陶瓷材料经过纤维或颗粒增强处理后，不仅可以提高其强度和弹性模量，更重要的是它能明显提高陶瓷材料的韧性。 (　　)

三、问答题

1. 复合材料有哪些种类？其性能有什么特点？举例说明复合材料的应用。

2. 一 5mm 厚的环氧玻璃钢由层厚相同的三层环氧树脂和两层玻璃纤维组成，其环氧树脂和玻璃纤维的密度分别为 $1.3\text{g}\cdot\text{cm}^{-3}$、$2.55\ \text{g}\cdot\text{cm}^{-3}$，弹性模量分别为 3.15MPa、71 MPa。求玻璃钢密度、纵向及横向弹性模量。

3. 对于玻璃钢、碳纤维增强塑料两种复合材料，其增强组是什么？基体相是什么？

第十二章　功能材料

一、选择题

1. 不能用线切割方法加工的材料是________材料。

A. 高硬度、导电　B. 高脆性、导电　C. 易燃、导电　D. 高韧性、导电

2. 下列材料中电导率最高的是________。

A. 无氧铜　B. 纯铝　C. 低碳钢

3. 因瓦合金是________，可伐合金是________。

A. 低膨胀合金　B. 定膨胀合金　C. 高膨胀合金

4. 形状记忆合金高温定形时的组织为________。

A. 高弹性 A　B. 高弹性 M　C. 热弹性 A　D. 热弹性 M

5. 牙齿正畸使用的 NiTi 合金弓丝属于________。

A. 超导材料　B. 形状记忆合金　C. 热双金属

6. 热双金属片的主动层和被动层分别是________。

A. 定膨胀合金和高膨胀合金　B. 高膨胀合金和定膨胀合金

C. 定膨胀合金和低膨胀合金　D. 高膨胀合金和低膨胀合金

7. 软磁材料磁化和去磁都比较________，硬磁材料磁化和去磁都十分________。

A. 容易　B. 困难

8. 选矿机利用了硬磁材料的________。

A. 磁电作用原理　B. 磁力作用原理

9. 坡莫合金常指铁镍系合金，镍的质量分数一般为________。

A. 5%～20%　B. 30%～90%　C. 90%～100%

10. 电工硅钢片属于________。

A. 硬磁材料　B. 软磁材料　C. 形状记忆合金

二、判断题

1. 铜导线比铝导线具有较高的电导率。　(　　)

2. 对于超导材料而言，超导温度越低越好。 ( )

3. 当超导材料的使用温度高于超导温度 T_c 时，电阻消失，即 0 电阻。 ( )

4. 超导材料的 T_c 越低，对零电阻越有利。 ( )

5. $BaTiO_3$ 属于 PTC 陶瓷。 ( )

6. 家用暖风机用 $BaTiO_3$ 作为发热材料。 ( )

7. 因瓦合金即低膨胀合金，其膨胀系数几乎为 0，可用于制作温度变化下尺寸近乎恒定的元件。 ( )

8. 定膨胀合金用于热双金属的主动层。 ( )

9. 高膨胀合金用于电真空技术，即封接合金。 ( )

10. 对于软磁材料，居里温度越高越好。 ( )

11. 对于硬磁材料，在外磁场去除后仍能较长时间地保持强而稳定的磁性能。 ( )

12. 软磁材料易于磁化，也易于退磁。 ( )

13. 磁性液体是居里温度高于熔点的液态材料。 ( )

14. 磁致伸缩材料一般属于硬磁材料。 ( )

15. 通常用的形状记忆合金（SMA）有 NiTi 合金、Cu-Zn-Al 合金等。 ( )

16. 金属发热材料的使用温度高于陶瓷发热材料的使用温度。 ( )

17. 传感器一般由敏感元件和转换元件组成，其关键是敏感元件，而敏感功能材料则是敏感元件的基础。 ( )

18. 负温度系数热敏电阻材料的电阻率随温度升高而升高。 ( )

19. 用来测定声压的传感器实质上是力学量（压力）传感器。 ( )

20. 光电池材料的工作原理是光生伏特效应（光生电流与光生电动势），常用来制作太阳能电池。 ( )

三、问答题

1. 冬天运行于寒冷地区的火车车门常因结冰而难以打开，火车车门一般采用什么结构与材料？

2. 油田的油井抽油管常因石油内结晶物析出并依附于其内壁上而阻塞，如何解决？

3. 高速汽轮机叶片作为结构件，应选何种结构材料？从功能材料的角度，它又应具备什么功能？

第十三章　材料表面技术

一、选择题

1. 军用刺刀电镀 Cr 后，________才能使用，否则容易折断。

A. 去应力退火　　B. 扩散退火　　C. 去氢退火

2. 钢铁的化学氧化处理在其表面产生的是________。

A. FeO　　B. Fe_2O_3　　C. Fe_3O_4

3. 发蓝或发黑处理指的是________工艺。

A. 电镀　　B. 化学氧化　　C. 阳极氧化

4. 对以下零件进行表面处理，自行车钢圈适宜________，铝合金门窗适宜________，要求绝缘并有相对运动的铝合金件适宜________，要求减摩的凸轮适宜________，即将电镀的普通塑料适宜________，钢丝拔丝模适宜________，形状复杂的模具适宜________。

A. 电镀（Cr）　　B. 化学镀　　C. 化学氧化　　D. 阳极氧化

E. 磷化

5. 汽车的车身涂饰常用涂 3、涂 2 体系，豪华轿车采用________，大客车采用________，货车驾驶室________。

A. 涂 2 烘 2　　B. 涂 3 烘 2　　C. 涂 3 烘 3

6. 热喷涂耐磨层，选________。

A. 低碳钢　　B. 中碳钢　　C. 高碳钢

7. 广泛用于零件耐磨层的热喷涂线材是________。

A. 高碳钢丝　　B. 铁素体不锈钢丝

C. 奥氏体不锈钢丝

8. 表面改性技术 PVD 指的是________。

A. 物理气相沉积　　B. 化学气相沉积　　C. 离子注入　　D. 热浸镀

9. 表面改性技术 CVD 指的是________。

A. 物理气相沉积　　B. 化学气相沉积　　C. 离子注入　　D. 热浸镀

10. 以下物理气相沉积方法中，汽化粒子动能较小的是________。

A. 真空蒸镀　　B. 溅射镀　　C. 离子镀

二、判断题

1. 普通塑料电镀之前必须表面金属化，化学镀则可以直接在塑料表面形成镀层。 (　　)

2. 化学镀的均镀能力和深镀能力差。 (　　)

3. 钢铁化学氧化后生成 Fe_3O_4 膜，又称发蓝或发黑处理。 (　　)

4. 铝合金在开水中煮后表面形成 Al_2O_3 膜，称为阳极氧化。 (　　)

5. 铝的化学氧化膜的耐磨性优于铝的电化学氧化膜。 (　　)

6. 模具磷化有利于提高润滑性能。 (　　)

7. 热喷涂时，基体表面粗糙度值越低越好。 (　　)

8. 热喷涂时，喷涂材料只能是金属材料。 (　　)

9. 激光淬火时，可不用水或油冷却。 (　　)

10. 滚齿刀表面镀覆的材料是 TiN 可以提高其加工性能。 (　　)

三、问答题

1. 展台框架用快速装拆锁体中的片状簧片采用 65Mn 钢制造，要求一定的耐磨性和耐蚀性，如何进行表面处理？给出三种处理方法。

2. 为下列零件选定较适合的表面处理技术：(1) 自行车钢圈。(2) 要求绝缘并有相对运动的铝合金件。(3) 铝合金门窗。(4) 铸铁零件工序间防锈。

3. 军用刺刀电镀铬后直接使用，容易折断，为什么？怎么解决？

第十四章　工程材料的选用与发展

一、选择题

1. 零件在使用过程中，原有设计功能失去，导致其________或________或提前退役的现象，称为失效。

A. 低效工作　　B. 高效工作　　C. 无法工作

2. 零件的使用性能取决于零件的________和________热处理。

A. 选材、设计、安装　　B. 预备　　C. 最终

3. 零件失效形式有________。

A. 过量变形　　B. 断裂　　C. 表面损伤　　D. 物理性能降低

4. 零件失效的原因往往在以下几个方面：________。

A. 设计　　B. 材料　　C. 加工　　D. 使用

5. 汽车变速箱齿轮选用 20CrMnTi 钢制造，其加工工艺路线是：下料→锻造→________→切削加工→________→喷丸→磨削加工。

A. 退火　　B. 正火　　C. 调质

D. 渗碳、淬火及低温回火

6. 高精度磨床主轴选用 38CrMoAl 钢制造，其加工工艺路线是：下料→锻造→________→粗加工→________→精加工→________→粗磨→________→精磨。

A. 调质　　B. 渗氮　　C. 去应力　　D. 正火

7. 轴类零件常用________制造。

A. 铸铁　　B. 铸钢　　C. 锻钢

8. 弹簧用材要有高的________和________以及高的________。

A. 屈服强度　　B. 弹性极限　　C. 屈强比　　D. 疲劳强度

9. 汽车板簧选用________制造，成形后需进行________处理以使其具有高的弹性极限，然后进行喷丸强化，以提高其________。

A. 45 钢　　B. 60Si2Mn　　C. 淬火+中温回火　　D. 调质

E. 抗拉强度　　F. 疲劳强度

10. 汽车发动机的活塞销要求有较高的疲劳强度和冲击韧度且表面耐磨，一般应选

用________制造，并进行________处理。

A. T8　　B. 20Cr

C. 调质　　D. 渗碳、淬火+低温回火

11. 为下列零件正确选材：机床齿轮采用________，汽车、拖拉机齿轮采用________，高精度仪表齿轮采用________。

A. 20CrMnTi　　B. 45 钢　　C. 38CrMoAlA

12. 为下列零件正确选材：机床主轴采用________，汽车半轴采用________，柴油机曲轴采用________，磨床主轴采用________。

A. 45 钢　　B. 40Cr　　C. 38CrMoAlA　　D. QT600-3

13. 为下列零件正确选材：大功率内燃机曲轴采用________，中吨位汽车曲轴采用________，C620 车床主轴采用________，精密镗床主轴采用________。

A. 45 钢　　B. 球墨铸铁

C. 38CrMoAl　　D. 合金球墨铸铁

14. 为下列零件正确选材：小型弹簧（<12mm）采用________，小截面弹簧（<15mm）采用________，中等截面弹簧（<25mm）采用________，大型尺寸弹簧（50~60mm）采用________。

A. 50CrVA　　B. 60Si2Mn　　C. 65Mn　　D. 65 钢

15. 为下列零件正确选材：手锯条采用________，锉刀采用________，板牙采用________，齿轮铣刀采用________。

A. T8　　B. T10　　C. T12　　D. 9SiCr

E. W18Cr4V

二、问答题

1. 某仓库积压了一批同牌号退火状态的碳钢，现找出一根，经金相分析后发现组织为珠光体和铁素体，其中铁素体占 40%。（1）问此钢的碳的质量分数大约为多少？并估计其钢号。（2）此钢属于钢中哪一种（低碳钢、中碳钢、高碳钢）？（3）此钢适合制造哪一种零件（自行车前轴、自行车链条、自行车座位弹簧）？（4）该零件淬火以后采用哪种回火方式进行热处理？最终得到什么组织？

2. 某退火碳钢经金相分析后发现组织为珠光体和二次渗碳体，其中珠光体占93%。问：(1) 此钢的碳的质量分数大约为多少？(2) 其钢号大约是什么？(3) 该钢适合制造以下哪种零件（机床齿轮、板锉、硝酸槽）？(4) 该钢的预备热处理、最终热处理工艺分别是什么？分别得到什么组织？

3. 选用20钢制作一活塞销，其工艺路线如下：锻造→正火→机械加工→渗碳、淬火、低温回火→精加工。问：各热处理工序的作用是什么？该活塞销的表层最终得到什么组织？

4. 某机床变速箱齿轮（模数 $m=4\text{mm}$），要求齿面耐磨，心部要求具有良好的综合力学性能，应选什么材料（从45钢、20CrMnTi、65Mn、GCr15钢中选一种）？热处理工艺（预备热处理、最终热处理）是什么？其表层、心部的最终组织分别是什么？

5. 某镗床镗杆，在重载荷下工作，精度要求极高，并在滑动轴承中运转，要求镗杆表面有极高的硬度和耐磨性，心部有较高的综合力学性能，问选用什么材料（从45钢、40Cr钢、38CrMoAlA钢中选择一种）？采用什么热处理工艺？表层和心部分别得到什么组织？

6. 某液压泵偶件阀体选用 GCr15 钢制造，热处理技术条件为 62~64HRC，热处理变形度≤0.04mm，其加工工艺路线如下：下料（冷拉圆钢）→球化退火→机械加工→去应力退火→机械加工→淬火→冷处理→回火→时效→机械加工→时效→机械加工。问：各热处理工艺作用是什么？最终所得组织是什么？

7. 某厂采用 T10 钢制造一机用钻头对铸铁钻 ϕ10mm 深孔，在正常工作条件下仅钻几个孔，钻头很快磨损。据检验，钻头的材料、加工工艺、组织和硬度均符合规范。试分析磨损原因，并提出解决办法。

8. 从使用性能、工艺性能和经济性能三个角度分析，为什么一般机器的支架、机床的床身常用灰铸铁制造？

9. 以下钢种中，哪些是低碳钢？哪些是中碳钢？哪些是高碳钢？08F、20 钢、45 钢、65 钢、T8、T10、20CrMnTi、38CrMoAlA、50CrVA、GCr15、CrWMn、W18Cr4V、12Cr18Ni9。

10. 已知下列八种钢的成分（如表所示），请估计其钢号，写出其常用的最终热处理工艺。

成分 / 钢种	w_C（%）	w_{Cr}（%）	w_{Si}（%）	w_{Mn}（%）
1	1.0	1.5	—	—
2	0.2	1.0	—	—
3	0.4	1.0	—	—
4	1.0	—	—	—
5	0.65	—	—	1.0
6	0.9	1.0	1.3	—
7	0.15	13	—	—
8	0.95			13

11. 有以下材料：HT150、12Cr18Ni9、GCr15、Q235、38CrMoAlA、ZGMn13、40Cr、Q345、65、60Si2Mn、45、08F、T10、T7、20CrMnTi、20、W18Cr4V、9SiCr、40CrNiMoA、20Cr13、95Cr18，欲制造以下21种零件：(1) 齿轮铣刀。(2) 小轴承套/轴承滚珠。(3) 挖掘机履带板/铲车铲齿。(4) 车床床身。(5) 硝酸槽。(6) 拖拉机连杆螺栓。(7) 大桥桥梁。(8) 普通钢筋。(9) 镗床镗杆。(10) 普通自行车座位弹簧。(11) 钻头/手锯条。(12) 木工工具。(13) 汽车变速箱齿轮。(14) 活塞销。(15) 板牙。(16) 手术刀。(17) 机床齿轮。(18) 普通自行车链条罩。(19) 飞机起落架。(20) 汽轮机叶片。(21) 汽车板簧。试分别选材，并确定其最终热处理（或热加工）工艺。

参 考 文 献

[1] 王章忠. 机械工程材料 [M]. 2版. 北京：机械工业出版社，2007.

[2] 朱张校，姚可夫. 工程材料习题与辅导 [M]. 5版. 北京：清华大学出版社，2011.

[3] 崔占全，孙振国. 工程材料学习指导 [M]. 2版. 北京：机械工业出版社，2007.

[4] 王运炎，朱莉. 机械工程材料 [M]. 北京：机械工业出版社，2010.

[5] 杨瑞成，郭铁明，陈莹，等. 工程材料 [M]. 北京：科学出版社，2012.

[6] 刘新佳，姜银方，蔡郭生. 材料成形工艺基础 [M]. 2版. 北京：化学工业出版社，2013.